歌德学院（中国）
翻译资助计划

Handbuch für Zeitreisende

时空漫游指南

回到过去的旅行和生存建议

Kathrin Passig —— Aleks Scholz

[德] 卡特林·帕西格 [德] 亚历克斯·朔尔茨 著

张亦琦 译

人民文学出版社
PEOPLE'S LITERATURE PUBLISHING HOUSE

著作权合同登记号　图字01－2022－6478

 The translation of this work was financed by the Goethe-Institut China.
本书获得歌德学院（中国）全额翻译资助

图书在版编目（CIP）数据

时空漫游指南：回到过去的旅行和生存建议／（德）卡特林 · 帕西格，（德）亚历克斯 · 朔尔茨著；张亦琦译．-- 北京：人民文学出版社，2023
ISBN 978－7－02－018168－1

Ⅰ．①时… Ⅱ．①卡… ②亚… ③张… Ⅲ．①自然科学－普及读物 Ⅳ．①N49

中国国家版本馆CIP数据核字（2023）第144565号

责任编辑　付如初　王烨炜
责任印制　张　娜

出版发行　人民文学出版社
社　　址　北京市朝内大街166号
邮政编码　100705

印　　刷　北京盛通印刷股份有限公司
经　　销　全国新华书店等

字　　数　195千字
开　　本　880毫米×1230毫米　1/32
印　　张　9.75
印　　数　1—5000
版　　次　2023年9月北京第1版
印　　次　2023年9月第1次印刷

书　　号　978-7-02-018168-1
定　　价　66.00元

如有印装质量问题，请与本社图书销售中心调换。电话：010－65233595

目录

序言：你为什么需要这本书

时间旅行的黄金时代已经到来。与从前相比，现在踏上时间旅行要更安全、更舒适、更经济实惠。现在的条件为人们踏上或激动人心、或轻松怡人的历史之旅提供了无限的可能。曾经，由于出行选择有限，人们只能一次次前往相同的年份度假，这样的日子已经一去不复返。邻居度假归来带回的照片与你度假时拍的照片一模一样，这样的窘况也不会再发生。从前受时间旅行技术和条件的局限，你会误认为历史似乎就那么几个瞬间：多格滩的日光浴、罗马大火、维苏威火山爆发、维多利亚女王加冕以及哥伦布的船队在巴哈马海岸靠岸的那一刻。

如今你的选择多得数不清，数百个旅行目的地遍及各个大洲、分散在地球的数百万年历史中。我们正处在从包办旅行到自由行的过渡阶段。在计划出行时，时间旅行者享有过去难以想象的高度自由。然而更大的自由度也意味着承担更多的责任、需要更充分的准备和更详尽的知识。换句话说：你急需一份最新版的旅行指南。

这是一本通往过去的时间旅行指南。它的目标读者是对时间旅行或者对过去感兴趣的人，换句话说，几乎所有人都是这本书的目标读者。你是否一直好奇巴赫的康塔塔套曲在巴赫生活的时代、由巴赫亲自指挥演奏是什么样的？你想不想体验被原牛的呼噜声吵醒的感觉？想不想与埃米·诺特讨论数学难题；近距离观察始新世极热事件；在中世纪的冰岛农场度假；与库库尔坎一起喝热可可？想不想见证地中海形成的过程；一睹完全由翻滚冒泡的熔岩构成的地球的景象？想不想造访如今已不存在的古城；体验已经被人们遗忘的古代文明；或者你只是想再吃一次童年时最喜欢的某种冰淇淋？你是否单纯就想回到过去，不论前往的是哪个时代？你是否想体验互联网、电话、手机之类尚未发明时与世隔绝的生活？你是否希望让自己的孩子在没有原子弹与环境污染的时代长大？如果以上这些问题的答案都是肯定的，那么你需要一台时空穿梭机和这本书就能实现。

本书中包含许多有关时间旅行的新想法，每个想法都配有详细的背景资料和实用的建议。你可以选择热门旅行路线，也可以选择充满异域风情的目的地；可以选择休闲旅行，也可以选择极限运动；可以选择周末短期旅行，也可以选择长期探险。前往那不勒斯王国过周末的旅客，可以提前预订旅途中的全部所需，抵达当地后几乎不会发生任何意外。其他通往过去的旅行项目则可能没那么舒坦，甚至有可能遇到生命危险。蒂亚瓦纳科的居民究竟是食人族、外星人还是好客的东道主？人类到达白垩纪之后应该靠什么获取营养？如何才能避免感染历史上曾经大肆传播的可怕疾病？游客究竟应该壮起胆子去接近战争，还是应该躲得越远越好？游客应该吃什么，在哪里睡觉，如何与人相处？本书的末尾给出了许多出行建议，你可以在那里找到答案。

这不是一本普通的时间旅行指南。因此，在这本书里你找不到那些最热门的旅行目的地。如果你想参观的是古罗马、古拜占庭、丝绸之路或者路易十四时代的凡尔赛宫，那么你并不需要我们的帮助。我们关注的重点在于全新的体验、别开生面的见闻，以及从全新的角度审视那些早已为人熟知的时间旅行年代。

因此，建议你在旅行时摒弃传统的偏见。在有些人看来，过去的一切都是美好的；然而对于另一些人来说，过去意味着传染病、战争和供暖不足的客厅。这两种观点并非全无道理，但是它们都源自片面的认知。过去既不是一个欠发展的国家，也不是当今世界的傻瓜版本那么简单。同理，过去也不是动物园、奇珍异宝陈列柜或是奇异的国度，过去与我们今天所生活的世界一样，是一个独立而完整的世界。更确切地来说它就是我们生活的世界，时间旅行者永远不能忘记这一点。

除此以外，我们也鼓励大家以负责任的态度对待过去的人和事物。其中包括：不用不合时宜的笑话捉弄人；不故意摆石头阵来迷惑未来的历史学家；不乱丢垃圾；不偷拿古代的物品。还有，请不要回到古代冒充预言家，在事情发生之前预告一切。

我们希望你能在假期中有所收获，此外，若是在你度假结束之后，世界能够因为你的到访而变得更美好，或者至少没有变坏，那就更棒了。你本人不会为此获得任何收益，因为假期结束后，你返回的现代世界并不会受到你旅途中的行为所影响（至于为什么会这样，我们会在后文做出解释）。因此，你在过去的善行都是单纯的无私行为。这你能做到吗？

话虽如此，你仍然应该了解在哪些方面可以做些什么来改善当时的状况，本书也为这种改善过去的行为提供了指导。你是否愿意以温和的方式促进历史的进步？或许你也可以帮现代人一个忙，把过去的信息传递到今天，促进现代科学研究的发展？你能否阻止历史上的人做傻事？从哪里着手最好？抑或是你对自己有着更高的要求？你是想提前几千年发明印刷术，让历史进程加速？还是想处理掉希特勒，避免发生犹太人大屠杀？这些任务可能完成吗？你有能力胜任吗？

在今天，进行时间旅行与乘火车出行一样安全。本书涉及的通往古代的路线均经过检查与试验，因此你大可放心。所有旅行路线必须在稳定性和耐久性方面达到足够高的标准，才能被经过批准的时间旅行社采用。同样，你也可以放宽心，当你想返回现代时，这条旅行路线依然存在。只有在极少数情况下，游客才会被困在古代，不得不按照麻烦的古代生活方式一天天过日子，直到回到现代。不小心进入错误年份的情况同样也很少见，比如穿越到 1945 年而不是 1845 年的柏林——这对游客来说有着天壤之别。如今，你几乎可以确定自己的旅行体验会是所订即所得。

时间旅行者面临的最大风险依然来自历史本身。我们对古代的了解还不够完整、不够准确。这句话听起来有些矛盾，因为人们从未有过像今天这样便捷的机会去了解古代。然而，我们如今面临的一方面困难是古代的时间跨度太长，研究时间不得不配合大学里为数不多的工作日，同时还要符合教学计划和行政管理的安排。另一方面是这个矛盾在利益的驱动下进一步加剧，事实证明开旅行社的收益要比在大学里当历史学家、考古学家或古生物学家的收益丰厚得多，因此就更没有人愿意搞研究了。简言之：你前去旅行的时代距离今天越遥远，相关的背景知识就越不可靠。合格的旅行指南（比如这本）会向你说明这一点，并把我们不太确定的部分一五一十地告诉你。

时间旅行的优势在于：只要对旅行目的地进行了充分的研究，在行程中就不存在遇上意外状况的风险。酒店不可能涨价，更不可能消失。火山也不会改变主意提前三个星期爆发。只有当历史研究取得新的进展，时间旅行指南里的信息才会过时，但这并不是因为过去突然发生了改变。

在记述自己经历的过去时究竟应该使用哪种时态，长期以来写作爱好者和语法专家一直在争论这个问题。恰好目睹一件发生在过去并且已经完成的事件，你该如何记述它呢？它究竟算是过去还是现在？如果你曾经历过某件事，但你之所以回到过去，正是为了做出不同的决定以避免这件事的发生，比如不剪红线而是剪绿线，那么你该如何描述这件事呢？它究竟算是未来，还是已经成为过去？有些人甚至为此引入了全新的时态。道格拉斯·亚当斯的《宇宙尽头的餐馆》是一本关于极限时间旅行的早期实录，在这本书中提到了丹·街头说书人博士的作品《时间旅行者的一千零一种时态手册》，在这本书中讲述了“未来半条件性修饰亚倒装变格过去虚拟意向语态”。不过作者也提到手册中这一章节往后的所有页面都是空白的，因为读到这里大家都会纷纷放弃。实际上，哪怕没有时间旅行，现有的时态也已经太多了，没必要为了时间旅行再创造新的时态。如果遇到不确定的情况，你总是可以补充说明自己指的是哪一年，又身在哪一年，仅靠语法几乎不可能实现这样的精确性。如果有人格外较真，还可以为每句话提供时空连续体中的四维坐标。

尽管本书中涉及的旅行目的地都在过去，但书中的大部分内容都用现在时书写。对于时间旅行者来说，每时每刻都是当下。坚持用过去时谈论过去的人很容易产生这样的想法：过去是确定的、不可改变的，它是保护区，其中的事物永远保持原样，人们在过去做出的决定不会带来后果，反正一切都会像历史书上写的那样一成不变。如果你把历史视为过去，那么历史就成了一种无聊的、静止的、没有生命力的东西。或是反过来，用英国历史学家伊恩·莫蒂默的话来说：“一旦你把过去当作正在发生的事情（而不是已经发生过的事情）来看待，你就能以一种全新的方式来感知历史。”

如果你是那种很少把书从头到尾读完的人，这里再说一句：在你放下这本指南之前，可以先去体验一下未来，至少扫一眼后记。后记写得相当不错。

时间旅行简史

如今时间旅行已经是司空见惯的事，反倒是得费些脑力才能想象出一个无法去古代度假的世界。然而就在不久前，时间旅行不仅极为昂贵，还涉及许多技术上的不确定因素。甚至就在这种旅行方式即将问世的那几年，科学家们依然在争论时间旅行原则上究竟是否可行，如果可行又会带来什么后果。探索时间旅行的历史本身也是一场引人入胜的时间之旅，探索的过程中不仅有惊人的发现，也曾走过许多弯路。

真正的时空穿梭学说始于阿尔伯特·爱因斯坦提出的相对论。相对论又分为两种：狭义相对论和广义相对论。早在 20 世纪，狭义相对论就开辟了一条道路，能够让人们穿越到不久后的将来。根据这一理论，时间的流逝取决于人们运动的速度。乘坐飞船离开地球并以极快的速度飞到另一个星球的人，衰老的速度会比留在地球上的人慢。飞船返回后，地球上流逝的时间比飞船上流逝的时间更多。那么从飞船上的旅客的角度来看，他们就来到了未来。这一效果首次得到验证是在 1971 年，人们把几台极其精准的钟表放在飞机上往返飞行，从而证明了这一现象。当然，如果你只是坐着等着，同样可以进入未来。我们都在不由自主地一秒一秒走向未来。

关于未来我们就先说到这里。就时间旅行而言，过去比未来精彩得多。根据狭义相对论，我们知道光具备一定的速度。光的粒子每秒移动 30 万公里，因此当我们抬头仰望夜空时，看见的其实是过去。天狼星距离我们 8.6 光年远，你看见的是它 8.6 年前的样子。猎户座中最亮的那颗星距离我们将近 1000 光年，你看见的是它在 11 世纪时的样子。（不过星星的变化过程极其漫长，绝大多数星星 1000 年前的样子与今天没有太大区别。）爱尔兰科学家德塞尔比——由他的同胞弗兰·奥布莱恩创作的虚构人物——被认为是第一个意识到镜子中映出的其实是自己过去的面孔的人，这同样是由于光的传播速度是有限的。据说德塞尔比借由一套巨型镜子组合看到了 12 岁的自己[1]。

真正前往过去旅行则要以不同的理论和技术为基础。要想回到过去，需要的是爱因斯坦的广义相对论，在广义相对论中，时间是时空的四个维度之一。因此表示时间的之前、之后与表示物体方位的前、后、上、下相似，是时空里的方向。除此以外，重力也在其中发挥了重要的作用。质量大的物体的存在会使时空结构发生弯曲，这就好比你坐在沙发上沙发垫会凹陷下去。如果你在弯曲的时空里坐下来，你就会滑进另一个空间，或者另一个时间。我们都知道这样一个道理：假如你从房顶跳下去，重力自然会带着你下落，

1　该情节出自爱尔兰小说家弗兰·奥布莱恩（Flann O' Brien，1911—1966）的小说《第三个警察》（*The Third Policeman*）。——译者注（如无特殊说明，本书注释均为译者注。）

你不需要进行任何其他操作。广义相对论则告诉我们，你可以用与之类似的方式在时间中下落，至少在理论上是这样的。至于如何控制这个过程，就属于技术方面的挑战了。

广义相对论提出的预言以及弯曲时空的理论，在20世纪和21世纪得到了多次证实。在质量巨大的物体附近——比如恒星，光线确实会发生弯曲。在离地心更远的位置——比如山上，时钟确实会走得更快一些，因此人们可以用一只（极其精准的）钟表来测量山的高度，2018年德国物理学家已经证实了这一点。也正是由于这个效应，地球的地核要比地壳年轻几岁。大质量物体之间的碰撞会造成空间和时间上的涟漪，就像把石头扔进水里，只是这种涟漪的性质完全不同。这些引力波首次被直接探测到是在2016年。尽管广义相对论最初问世时人们都觉得十分荒谬，但它实际上是一套非常可靠的理论。在20世纪的物理学界，不少理论也都有过类似的经历。

关于时空穿梭机的最早理论设想，同样也建立在广义相对论的基础之上。爱因斯坦提出这一学说后，人们可以大胆地宣布在空间和时间中——至少理论上来说——可能存在环线，而不用担心遭到嘲笑。如果将空间或时间弯折，原本相隔数光年或者年份相距甚远的两个点就有可能变得很近。假如你用的是一张二维的纸，而不是四维的时空，这个过程就容易想象多了。把纸折叠起来，直到纸的两端彼此触碰，那么从一端到另一端的路途就缩短了许多。在折叠世界里，银河系的一个边缘可能紧挨着另一个边缘，尽管两地之间相隔几千光年的距离。中世纪也许紧挨着当今时代。

早在数十年前，这种时间上的捷径就以“虫洞”的名字为人所知，这是 1957 年物理学家约翰·阿奇博尔德·惠勒[1]提出的概念。人们可以把虫洞想象成一条隧道，在这条隧道里时间的运行方式与外界不同，这是一条穿越时间的高速公路。当然了，时间旅行与现实中的虫子和洞并没有什么关系。如今我们把这些时空高速公路称为“波尔祖诺夫隧道”[2]，该名称来源于俄国的蒸汽机发明者伊万·波尔祖诺夫，1766 年他在蒸汽发动机即将制造完成前死于肺结核。跟常见的情况一样，科学发现的命名者与科学发现本身没有任何关系，这一原则被称为“斯蒂格勒定律”（该定律以斯蒂芬·斯蒂格勒[3]的名字命名，但他本人将这个定律的发现归功于罗伯特·金·默顿[4]）。总之人们早就推测出时间旅行与虫洞有关，然而虫洞的产生极其耗费能源，对环境很不友好，因此这种交通方式如今已被抛弃。

一旦人们开始从科学角度认真思考时间旅行，全新的问题便会随之出现。其中最著名的就是所谓的“祖母悖论”：假如我穿越

---

1 约翰·阿奇博尔德·惠勒（John Archibald Wheeler，1911—2008），美国理论物理学家，广义相对论领域的重要学者，他最重要的工作是与玻尔合作于 1942 年共同揭示了核裂变机制，并参加了研制原子弹的曼哈顿工程。另外，惠勒还推广了“黑洞”一词，发明了“量子泡沫”“虫洞”等术语，霍金称他为“黑洞故事的主人公”。

2 “波尔祖诺夫隧道”是本书作者虚构的概念，在后记中有所说明。

3 斯蒂芬·斯蒂格勒（Stephen Stigler，1941— ），美国芝加哥大学统计学教授。

4 罗伯特·金·默顿（Robert K. Merton，1910—2003），美国著名社会学家、科学社会学的奠基人和结构功能主义流派的代表人物之一。

到过去，在祖母或外祖母生下我的母亲或父亲之前把她杀死，我就阻止了自己的存在——同时也阻止了自己在过去的存在。这也就是说，我根本不可能杀死我的祖母。在专业文献中，这个棘手的问题原本被称为“祖父悖论”，直到许多人发现自己根本不是他们所认为的祖父的后代，而是别人的后代。尽管改了名字，但问题本身并没有改变。如果我杀死自己的祖母，我依然会陷入一个看似无路可逃的邪恶循环。

当然，人们不能对这种情况坐视不管。已经发生过的事是无法撤回的。长期以来科学家一直在试图解开谜团，避免这种悖论出现，并且找到了一些有创意的解决方案。俄罗斯天体物理学家伊戈尔·德米特里耶维奇·诺维科夫提出了“诺维科夫自洽性原则”[1]，根据这一原则，导致悖论是不可能实现的。诺维科夫举的例子是把一个台球推进虫洞，让台球在虫洞中与自己的早期版本相撞，从而阻止台球在一开始进入虫洞——这是“祖母悖论”的另一个版本，没那么残暴，而且在数学上更简单。诺维科夫提出，自然法则天然就排除了这种可能性。在时间旅行中，旅行者的行为举止十分受限，谋杀自己的祖母不仅是刑法（或者过去类似的法律）所禁止的，也是物理定律所禁止的。这就好比你到某个专制独裁的国家旅行，独裁者的随从会跟着你，不断规范你的行为，只不过在这种场景里独裁者和他的随从是无形的。过去专横地决定了时间旅行者的

1 “诺维科夫自洽性原则”（Novikov self-consistency principle）是俄罗斯理论物理学家伊戈尔·德米特里耶维奇·诺维科夫（Igor Dmitriyevich Novikov，1935—　）在 20 世纪 80 年代提出的时间悖论原则，该原则指出人可以回到过去，但是不能因此而改变历史的进程。

哪些行为是被允许的。如今诺维科夫更为人熟知的，是他在 1964 年提出了白洞[1]可能与黑洞同时存在。相比之下这一理论更加成功。今天的我们已经很难想象，日常生活中如果没有白洞将会是怎样的情景。[2]

为避免围绕着祖父母和台球而产生的时间悖论，物理学家提出了其他理念。出于某种尚不为人知的原因，有些人抱着时间旅行不可能实现的希望。还有些人推测虽然时间旅行或许可能实现，但是时空穿梭机一旦启动就会自动销毁。这两种假说都有个优点，即它们干脆利落地消除了伴随时间旅行而产生的另一个问题：假如通往过去的时间旅行可以实现，那么今天我们生活的世界中不应该到处都是时间旅行者吗？为什么没有穿着奇装异服、自以为无所不知的人把未来的疾病传播到现在？ 2009 年，著名物理学家斯蒂芬 · 霍金举办了一场聚会，邀请函在聚会结束之后才发出——这场聚会只邀请来自未来的人参加。没有人出席这场聚会。无论在哪个年代，物理学家的幽默总是让人难以理解。

虽然这在今天的我们看来似乎很荒谬，但是人类历史上确实存在这样的时期，在当时看来，瞬间将图像和信息从地球的一端传送到另一端几乎是不可能的。木星距离地球只有 6 亿至 10 亿公里的距离，然而在许多时代，前往木星似乎是天方夜谭。认为时间旅行

---

1 在广义相对论中，白洞（White Hole）是一种理论推测出来的时空区域，物质与光线无法进入这个区域中，但是可以从这个区域向外放射。白洞的性质与黑洞相反，光与物质可以进入黑洞中，但是无法从黑洞中离开。

2 白洞理论是确实存在的，但是这句话是作者假想的场景，详见本书后记。

不可能实现的人不见得头脑简单、智力低下，他们只是生活在与我们不同的时代而已。

顺便说一句，过去因为种种问题而没有实现时间旅行，并非是百害无一利的。从前的作家和编剧不需要太费脑筋就可以消除或解释作品情节中存在的逻辑错误：无论是不小心杀死了女主角，毁灭了世界，还是忘了将那把后来协助解开凶杀案的沾血的匕首放在犯罪现场，有了时间旅行都能够得以解决。然而，在时空穿梭机得以普及的今天，这些天马行空的设定可能就经不住推敲了。

除了广义相对论，20 世纪物理学的另一个支柱是量子物理。在这方面，专业人士也在努力解决基础性的难题。首先，大多数人都相信一种通常被称为“波函数坍缩”的现象——在这个过程中，几个可能存在，但无法被人观察到的不同版本的世界叠加起来，合成了一个世界。一旦人们去测量或观察某些现象，坍缩就会随之发生。若是你去观察电子或者其他类似的微小的东西，很容易产生这样的想法：如果你将一道电子束射向一面带有两个孔的屏障，从屏障背后来看，粒子似乎同时穿过了这两个孔——但这其实是你没有仔细观察单个粒子的行为。你如果去观察单个粒子，就会发现电子只能穿过两个孔当中的一个。“两者兼有”的特殊量子世界消失了，它“坍缩”了。波函数坍缩是把神秘的量子世界与充斥着普通事物的世界联系起来的一种尝试，在日常世界里，物体要么在这里，要么在那里；要么在左边，要么在右边；要么是红色的，要么是蓝色的；要么是完整的，要么是破碎的，但两种状态不会同时存在。而如今，波函数坍缩已经与燃素[1]、以太[2]和火星运河[3]一起躺在了科学史的垃圾堆里[4]。

埃尔温·薛定谔——量子力学的众多父亲之一——曾经借助一只被锁在盒子里的猫来解释量子世界与日常世界之间的冲突。盒子里可能会释放出致死剂量的放射性物质，也可能不会。如果你想知道微小的粒子是如何导致猫咪死亡的：以一个放射性原子为例，一个小时后它可能衰变，也可能不衰变。如果原子衰变，就会释放出一个粒子，而这个粒子会触发盒子里的机关，最终释放出毒药。一小时结束时，原子既是衰变的又是完好的，猫既是死的又是活的。猫不再仅仅是猫，而是一个复杂的波函数，描述的是几只猫的叠加态。只有当你打开盒子时世界才会决定其中的一个版本，这就是波函数坍缩。（顺便说一下，在这个假想实验中猫的死亡只是戏剧性元素，我们也可以用两只活着的猫讲述类似的故事。2014 年，美国物理学家肖恩·卡罗尔就这样做过：用一只同时处在沙发底下和桌子底下的猫来阐述这个实验。由于道德方面的原因，如今的教科

---

1 “燃素说”是一个已被取代的化学理论，起源于 17 世纪。该理论假设，任何物质在燃烧时，都会释放出一种名叫燃素的成分。

2 以太，原本是古希腊哲学家亚里士多德设想出来的一种物质，为五元素之一。19 世纪的物理学家认为以太是一种假想的电磁波的传播介质。然而后来的实验和理论表明，如果不假定以太的存在，很多物理现象可以有更为简单的解释。也就是说，没有任何观测证据表明以太存在，于是以太理论被科学界抛弃。

3 19 世纪末人们曾误以为火星上存在“运河”。早期天文学家使用低倍望远镜观测到火星赤道南、北纬 60° 之间地区分布着大片细长的直线网络。20 世纪初，通过改进后的天文观测设备人们发现“运河”实际上是一种光学幻觉。

4 本书后记中有说明，这是作者为了解释时间旅行而虚构的情况，波函数坍缩理论现在依然受到认可。

书更喜欢采用这个版本。）

但是也许这根本不需要坍缩就能够实现，20 世纪一些物理学家已经对此产生了怀疑。也许量子世界是唯一意义重大、唯一真实存在的世界。至于电子也有两个版本，每个孔各一个。薛定谔的猫也有两个版本，分别在箱子打开之前和打开之后。在世界的某个地方这只猫已经死了，在另一个地方它却还活着。在世界的某个地方，卡罗尔的猫在沙发底下，在另一个地方它却在桌子底下，甚至在我们查看过之后，这只猫依然同时以这两种状态存在。只不过现在有两个版本的观察者，一个放出了箱子里的活猫，另一个则发现了死猫。总的来说，一切事物都有非常多的版本，所有这些版本都是平行存在的。量子力学提出的所谓多世界诠释创造出了一个更优雅、更温和、更丰富的现实，一切事物都可以存在于其中，量子与猫之间亦不存在生硬的过渡。

21 世纪初，科学论文中出现了越来越多的对多世界、多宇宙以及平行宇宙的可能性的探讨。物理学家迈克斯 · 泰格马克[1] 区分了四种不同类型的平行宇宙，这些宇宙之间有些部分彼此重叠。根据泰格马克的说法，首先，我们生活的这种宇宙有许多个，就好比摩天大楼里有许多间公寓。除此以外，还可能存在许多宇宙，其中适用的物理定律与我们的宇宙完全不同，因此它们看起来也与我们的宇宙截然不同。这些宇宙中的绝大多数都是空的，里面没有居

1 迈克斯 · 泰格马克（Max Tegmark，1967—　），宇宙学家，现为麻省理工学院教授，生命未来研究所的创始人之一。

民。再就是前面提到过的量子力学诠释的有多只猫的多世界，这种诠释最早是在20世纪60年代由休·艾弗雷特三世[1]提出，后来海因茨–迪特·策[2]和戴维·多伊奇[3]对此进行了进一步思考。在此基础上，泰格马克又增加了一个数学上的超级平行宇宙，其中包含了之前提到的所有平行宇宙。最后，物理学家和作家布赖恩·格林[4]在他的《隐藏的现实》（*The Hidden Reality*）一书中甚至提出了九种类型的平行世界（其中有几种与量子力学没有任何关系）。

我们为什么要讲这些内容呢？有了量子力学的多世界诠释，我们才第一次有可能在考虑时间旅行时既不会陷入逻辑陷阱，又不必限制时间旅行者的自由。在过去的某个版本中，祖母被她穿越时空的孙子杀死，而在另一个版本中这场时间旅行从未发生，祖母平安地活了下来，生下了后代，最终按照人们记忆中的方式死去——或死在战争中，或死在养老院里。历史书的记载依然如故，悖论得以解决，与此同时人们也明白了为什么自己在过去不会遇到其他来自未来的旅行者——他们在一个与之平行的世界里旅行，彼此离得并不远，就在隔壁，但仍然是无形的，就像实验中的第二只猫，它也许在沙发底下，

---

1 休·艾弗雷特三世（Hugh Everett III，1930—1982），美国理论物理学家，以提出量子力学的多世界诠释而闻名。其祖父和父亲都叫休·艾弗雷特（Hugh Everett），因此他叫休·艾弗雷特三世。

2 海因茨–迪特·策（Heinz-Dieter Zeh，1932—2018），德国理论物理学家，生前为海德堡大学教授。

3 戴维·多伊奇（David Deutsch，1953— ），英国物理学家，牛津大学教授，量子计算领域的先驱，主要科普作品有《无穷的开始：世界进步的本源》等。

4 布赖恩·格林（Brian Greene, 1964— ），美国著名理论物理学家，哥伦比亚大学教授，著名科普作家，主要科普作品有《宇宙的琴弦》《隐藏的现实》等。

也许在桌子底下，总之不在我们能够直接看见的地方。

有关平行世界的设想在提出之初就遇到了阻力。有些人认为多世界诠释纯属浪费精力。只是为了解释某些差异，我们就要编造出无限多的猫吗？支持者则反驳道：实际上人们并没有编造出猫，那些猫原本就存在。对世界最简单的一种诠释就是坦然接受它们的存在。理解波函数坍缩比这要复杂得多。

然而，还有一些人想为某个特定版本的宇宙确立特殊的地位。他们的论点是其他猫存在的影子世界并不是真正存在的世界，而是像一场刚刚从中醒来的梦境。平行世界的支持者则声称事情不是这样的，每个世界以及每个世界中的每个时刻或有意义、或无意义，但它们的价值是完全等同的。这些世界真正彼此平行，而不是分为一个主世界和许多个副世界。正如 1997 年戴维 · 多伊奇所说："其他时间只是其他宇宙的特殊情况。"他这句话的意思是：所有可能出现的平行世界都已经存在，人们唯一改变的是自身的经历。

紧随这些讨论而来的问题便是：在这样一个充满平行空间的世界中，人们应该如何自处——这是 21 世纪最重大的哲学辩题之一，而且与时间旅行者有着直接的关系。倘若真如戴维 · 多伊奇所说，世界的所有版本都已经存在，那么你（或者某一版本的你）杀死你的祖母（或某一版本的祖母）的世界版本也存在。你无法对此施加任何影响。无论你此刻是否杀死祖母，世界仍然是原来的样子。既然如此，又有什么因素能阻止你呢？作为时间旅行者，你对世界能造成多大的影响？如果你每做出一个决定都会产生一个新版本的你，那你对世界还有影响力吗？做出决定的这个人到底是谁？你为什么对其他版本的自己毫无感知？你是所有版本的总和，还是只是其中一个？你们当中有十分之一的人杀死了祖母，其余的人则没有，这又意味着什么呢？（更多相关内容请参考《关于时间旅行的九种传言》一章。）

相关的辩论就这样持续了一段时间。人们之所以没能得出真正的结论，原因有二。首先是我们了解的内容太少，比如人类的意识如何运作，以及我们如何做出决策。其次是我们一直在按照错误的理论去认识世界。如今我们已经知道广义相对论和量子力学存在问题——或者用更客气的说法来说，它们不够完善。这些理论就像是古老的骑士城堡——人们为这些历史遗迹而惊叹，欣赏它们的美，却并不想在里面居住。要想对世界做出解释，人们需要把这两种理论结合起来。20 世纪的物理学家已经明白了这一点。他们要寻找的是广义相对的量子理论或量子化的广义相对论。实际上，在那之后不久他们就会发现一些全新的东西。

在过去的理论中依然不存在现今这种时间旅行的概念。到过去的任何一年去旅行似乎是不可能实现，甚至是无法想象的。人们对于中转区——环绕在所有平行世界周围、人们穿过后就能实现时空穿越的区域——还一无所知。2013 年，物理学家胡安·马尔达西那[1]

---

1 胡安·马尔达西那（Juan Maldacena，1968— ），阿根廷理论物理学家，普林斯顿高等研究院教授，主要研究广义相对论和超弦理论。

和伦纳德·萨斯坎德[1]推测，宇宙中相距甚远的点是有可能彼此触碰的。它们不仅通过前面提到的虫洞彼此相连，甚至就连它们最小的粒子也彼此纠缠在一起。如果在这个基础上更进一步，人们便能够瞥见中转区的边缘，正是这个边缘地带为我们打通了回到过去的道路。这便是现代时间旅行的曙光。

世界的数量是无限的，无论我们自身还是其他事物都拥有无限多个版本，或者说拥有存在无限多个版本的可能性，这种认知对于今天的我们来说是再自然不过的事情，然而在相当长的一段时间内人们都很难相信、无法理解这种理念。人们的直觉是由当时的主流观念塑造而成的，往往需要适应一段时间才能自然而然地认为最好的解释才是正确的。根据日心说的世界观，地球在以极快的速度围绕着太阳运动，尽管我们不太可能真切地目睹这个现象，但是对于如今大多数人来说这是不言自明的事。虽然我们完全察觉不到地球在转圈！经过漫长的辩论与争吵，提出又摒弃了诸多怪异的理论之后，科学最终走向了正确的未来。而很长时间以后，人们才会发现一切都与自己此前的想象有着诸多不同之处。

1　伦纳德·萨斯坎德（Leonard Susskind，1940—　），美国理论物理学家，斯坦福大学教授，美国国家科学院院士。

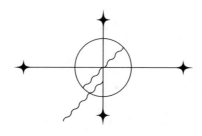

PART 1
第一部分

关于时间旅行的许多想法：一起去见证、惊叹和体验

世界汇聚一堂

过去的所有旅行目的地中，世界博览会是最简单易行的一个选择。博览会上有许多远道而来的游客，他们的穿着打扮不太符合当地的习俗。即使你行为不自然，对当地货币缺乏了解，对展品一无所知而提出各种各样的问题，也不会引起人们的注意。在紧要关头你总还可以假装自己是某个偏远地区的展览或者未来主义展览的一部分展出内容。可不要被蒸汽机、灯泡和机器人的景象误导，认为自己在这里就像在现代自己家里一样。记得带上滤水器，只喝过滤或者煮沸后的水。例如在 1933 年的芝加哥世博会期间暴发的阿米巴症，造成 98 人死亡，原因是两家酒店的饮用水被污水污染了。（如果你打算去那里旅行，请避开礼堂酒店和国会酒店。）你可以跟随其他游客一同游览，观察他们对哪些展品感兴趣，他们为什么会对这些展品感兴趣。情况也许与现代人的预测有所不同。举个例子，19 世纪的人见到机器会发出噪声可是比现代人要震惊得多。

伦敦 · 1851 年

日期	5 月 1 日至 10 月 15 日
入场费	门票价格不等，开幕第一天和第二天的门票每张 1 英镑，后来价格最低的时候工作日的门票降到了每张 1 先令（20 先令 =1 英镑）

从今天的角度来看，第一届世界博览会可以说是无聊极了。这里展出的主要是日常用品：陶瓷餐具、家具、墙纸、涂抹了亚麻籽油又通过加热来实现防水效果的油纸、烛台、布料、雕像、一些大得出奇的煤块以及第一座收费公共厕所（使用费为每次 1 便士；12 便士 =1 先令）。用纺纱机和织布机生产纺织品，对当时的人们来说这是最能体现进步的东西之一，然而时间旅行者很可能对纺织品的生产历史知之甚少，在他们看来这也许是很难以理解的。当时，其他许多经济领域尚未实现工业化，就连英国这个工业化的先驱国家也是一样，至于其他参展国就更不必说了。因此这里值得一看的内容基本可以概括为——其实没什么可看的。

当然，有件东西是个例外，那就是“风暴预测仪”，这是一个以水蛭为基础元件的气象预报装置：这台仪器由红木和黄铜制成，形状与蛋糕有些相似，由 12 个排成一圈的玻璃罐构成，每个玻璃罐里都有一只漂浮在雨水中的水蛭。当气压降低，玻璃罐里的水蛭就会上浮。每个罐子的颈部有一根鲸须制成的小针，水蛭触碰小针就可以敲响位于装置中心的铃铛。如今人们不用进行时间旅行就能在英国德文郡的气压计世界博物馆里看到风暴预测仪，不过仪器中已经不再用水蛭了。

纽约 · 1853/1854 年

日期	1853 年 7 月 14 日至 11 月 30 日 1854 年 1 月 1 日至 4 月 15 日 以及 5 月 4 日至 11 月 1 日
入场费	约 50 美分

与两年前伦敦世博会上的展品相比，纽约举办的这场万国工业博览会的展品并没有多么更有趣。不过当时曼哈顿的天际线上的主要景观还是教堂钟楼，若是你想一睹这一幕风景，那么这场展会是个不错的机会。当时的曼哈顿还没有摩天大楼，也没有镜面外墙。除了路上有许多马车以外，曼哈顿岛南端与今天的柏林很相似：石

子铺成的街道、四五层高的房屋。刚走到中央公园的位置，日新月异发展着的城区就到头了，周围的景色变成了草地、农场、村庄和住宅区。中央公园则是在几年后才开放的。帆船和蒸汽船在曼哈顿岛两侧穿梭来往。至今仍然深受游客喜爱的史泰登岛渡轮[1]当时便已经存在，蒸汽外轮船[2]的单程船票只要6美分。在莱廷观览塔可以鸟瞰纽约最美丽的风景。这座96米高的木制建筑是专门为本届世界博览会建造的，它是纽约最高的建筑，也是古斯塔夫·埃菲尔设计埃菲尔铁塔时参考的范本。不过第一台客运电梯直到三年后才问世（不要错过伊莱沙·奥的斯[3]在本届世博会上展出的防止电梯跌落的安全制动装置）。正如《纽约时报》报道的那样，步行登塔的过程“有点儿累人，不过有助于消化”。

1 史泰登岛渡轮（Staten Island Ferry）是一条位于美国纽约港内的渡轮路线，1817年开始运营，连接纽约市的曼哈顿炮台公园的南码头与史泰登岛的圣乔治渡轮码头，是美国最繁忙的渡轮路线。

2 外轮船是一种内动力船，有蒸汽机或内燃机等机型，靠两舷的大型水车状轮盘拨水前进。

3 伊莱沙·奥的斯（Elisha Otis，1811—1861），美国企业家、发明家，奥的斯电梯公司创始人，1852年发明了一种可防止电梯在提升电缆时发生故障而跌落的安全装置，被视为电梯的发明者。

巴黎 · 1855 年

日期	5 月 15 日至 11 月 15 日
入场费	按照日期和星期几从 20 生丁至 5 法郎不等

若是你想获得一笔钱来支付假期的花销，1855 年的巴黎世界博览会是个好机会。在这场博览会上，金属铝以 12 个小铝块的形式首次呈现在公众面前——此前只有少数化学家对这种金属有所了解。这引起了上流社会对铝制纽扣和铝制珠宝的兴趣。拿破仑三世（不是人们耳熟能详的那个拿破仑，而是他的侄子）希望发挥这种新材料在军事方面的优势。一时间，这种新金属的价格比黄金还要昂贵，直到 1856 年价格才降了下来。如果你有意以不菲的价格出售带有划痕的铝制野营用具，这届巴黎世界博览会是个好机会。

伦敦 · 1862 年

日期	5 月 1 日至 11 月 1 日，除星期日外每天开放
入场费	1 先令起，价格不断变化

自第一届伦敦世界博览会举办之后的十一年里，工业革命取得了新的进展。人们发明了令人惊叹的电报、靠蒸汽运行的冰箱和最早的塑料——叫作“帕克辛”（Parkesine），是赛璐珞[1]的一种。设计师威廉 · 莫里斯与他的公司“莫里斯、马歇尔、福克纳公司”也参加了展会（在“装饰与家用玻璃”展区，展商编号 6734）。在“摄影器材和摄影”展区（展商编号 3011），参观者可以参观查尔斯 · 巴贝奇[2]设计的机械计算机“差分机”的一小部分。然而即使是在展出当时，这台不完整的差分机也只适合摆在博物馆里。由于资金不足等各种各样的原因，打造完整的差分机的计划以失败告终。发明者本人并不在展览现场，而是早已开始研究这台机器的改良版——这个版本同样没能完成。如果你想给他一些建议，最好通

1 赛璐珞（Celluloid）是一种合成树脂的名称，也指塑料所用的旧有商标名称，是历史上最早发明的热可塑性树脂，代表制品有乒乓球、梳子、吉他拨片等。

2 查尔斯 · 巴贝奇（Charles Babbage，1791—1871），英国数学家、发明家兼机械工程师。由于提出了差分机与分析机的设计概念，被视为计算机先驱。

过寄信的方式联系他。他的地址是伦敦马里波恩区多赛特街1号。不过你最好抓紧时间，因为巴贝奇在1871年去世了。1985年，人们按照巴贝奇的构想重新接手建造未完成的差分机，最终于2002年在伦敦科学博物馆建成。如今，人们不需要穿越时空就可以去那里参观这一设备。

“国际电力博览会”巴黎 · 1881年

日期	8月15日至11月15日
入场费	按照日期和星期几从50生丁至1.5法郎不等

这不是一场正式的世界博览会，但是对于想了解电力及其应用是如何真正激发人们的热情的时间旅行者来说，这场博览会绝对值得一看。在众多展品中，托马斯 · 阿尔瓦 · 爱迪生带来了白炽灯，亚历山大 · 格拉汉姆 · 贝尔带来了第一部商用电话，维尔纳 · 冯 · 西门子带来了第一辆带架空线的电车，古斯塔夫 · 特鲁夫带来了一辆实验性的电动汽车。有了克雷芒 · 阿德尔发明的剧院电话，你可以收听到两公里外正在上演的歌剧的现场直播。这时还没有耳机，听众必须手持两只听筒放在耳朵上。参观者和记者对此都

印象深刻。接下来的几十年里，投币式剧院电话将在法国、比利时、英国和瑞典变得非常流行，不过这种电话在其他地方始终未能得到普及。

巴黎 · 1889 年

日期	5 月 6 日至 10 月 31 日
入场费	1 法郎，特殊日期需要买两张票

这场世界博览会是为了庆祝法国大革命一百周年而举办的，因此也在一些国家引起了争议。刚刚落成的埃菲尔铁塔是世界上最高的建筑，由于电梯没有及时完工，在博览会举办的第一个星期人们仍需要步行攀登铁塔。夜间，铁塔被灯光照亮。你可以给它拍照并按照自己的意愿随意使用这些照片。不要浪费这个机会，因为在现代，铁塔的肖像权造成了一个问题：埃菲尔铁塔的运营公司主张埃菲尔铁塔在夜间被照亮的照片的版权归他们所有。

在美术馆里，你可以欣赏到风格保守的学院派画作。印象派画作尚不见踪影，也正是由于这个原因，画家保罗 · 高更在不远处的艺术咖啡馆（位于新闻馆对面，在展览场地之外）举办了“沃尔皮尼画展”。画展上挂出了约一百幅不同印象派画家的作品，却一幅也没有售出。一方面，你可以购买几幅画来支持印象派画家。不过，从另一方面来说，无论这些艺术品的诱惑力有多大，你都不应该把它们带回现代（请参考《带走与带来》一章）。你应该在 1889 年就把这些画送出去，最好是送给同样欣赏它们的人，而不是立刻把画带到跳蚤市场。

“黑人村”里展出了四百位来自不同法属殖民地的六个村庄的居民。这是当时规模最大的人类动物园之一，但绝不是唯一一座人类动物园。其中展出的宗教仪式、工具、服装、舞蹈和活动大多是法国人发明出来的，与各殖民地的日常生活并没有什么关系，这类的展览通常如此。这场展览旨在向公众展示法国人的文明进步与外国野蛮人的强烈对比，从而为殖民统治的合理性辩护。这个问题不仅存在于这一场展览中。倘若你已经参观过此前的世界博览会，相信你已经见过掠夺来的艺术品和殖民剥削造成的影响——二者在当代博物馆中依然屡见不鲜。参观者众多的水牛比尔“狂野西部秀”[1]也同样问题重重，你不必前去捧场。与 1889 年的法国民众不同，你有更多的机会了解更真实的北美历史，而不必通过这样的表演。请好好利用你所拥有的机会。

1　威廉·弗雷德里克·“水牛比尔”·科迪（William Frederick “Buffalo Bill” Cody，1846—1917）是一名参加过南北战争的军人、农场经营者、边境拓垦人、马戏表演者，于 1883 年创办了“狂野西部秀”（Buffalo Bill’s Wild West），展示套绳技巧、骑马斗牛、枪法等西部生存技能，并雇用印第安演员来强化演出的“真实性”，但演出的内容与真实印第安人的生活往往相差甚远。此后多年时间里他先后在美国、英国和欧洲大陆巡回演出。

芝加哥 · 1893 年

日期	5 月 1 日至 10 月 3 日
入场费	成人 50 美分，儿童 25 美分

“哥伦布纪念博览会”[1]的举办地点并不在哥伦比亚，而是在美国，这个名字是为了纪念哥伦布在 400 年前（确切地说是 401 年前）登陆美洲。这场博览会上的一些展品给人的感觉也是十分无趣——比如密歇根州展出了一座 11 米高的原木堆，称之为“世界奇观之一”。金属铝（“无臭！无味！可塑！有弹性！”）依然是未来的象征，不过由于生产效率提高，其价格已不及黄金昂贵。惠特科姆 · 贾德森[2]的新发明——拉链也得以展出，不过观众的反应却很冷淡，直到三十多年后拉链才被人们广泛接受。一部分展览项目则更像是游乐项目，比如摩天轮、用电照明的阿尔卑斯山全景图以及一座用施托尔韦克牌巧克力[3]制成的 12 米高

1 1893 年芝加哥世界博览会又名“哥伦布纪念博览会”（World's Columbian Exposition）。

2 惠特科姆 · 贾德森（Whitcomb Judson，1843 —1909 ），美国机械推销员、机械工程师和发明家。在 16 年的职业生涯中，他获得了 30 项专利，贾德森最著名的发明是拉链。

3 施托尔韦克巧克力公司（Stollwerck）是德国著名的巧克力公司，1839 年由糕点师弗朗茨 · 施托尔韦克（Franz Stollwerck）创办，市场迅速遍及欧洲和美洲，1900 年成为美国第二大巧克力生产商。路德维希 · 施托尔韦克（Ludwig Stollwerck）是弗朗茨的儿子。

的日耳曼妮娅[1]神庙。在这次世界博览会上，托马斯·爱迪生和路德维希·施托尔韦克彼此结识，后来合作发明了“会说话的巧克力”——一种用“质地格外细腻”的巧克力制成的可以播放的唱片。

关于女性的展览则设有单独的一栋展览大楼。这样的情况并不是第一次出现——在1873年的维也纳世界博览会上就已经设立了“妇女作品馆”，里面展出的主要是非商业用途的手工艺品。1876年费城世界博览会上的“妇女大厦”的外观也与之相似，但是内容上不再过分展示为了消遣而刺绣的妇女形象。芝加哥的这座建筑本身也是首座由女性建筑师设计的展馆，这位建筑师就是21岁的索菲娅·海登。海登毕业于波士顿的麻省理工学院，在初赛中战胜了12名女性参赛者。妇女大厦不再仅仅用于展出手工艺品，也展出了女性在专利技术方面取得的成就。女性参展人员，特别是艺术与设计部门的参展人员之间也存在着意见分歧：不在普通展区，而是在这座大厦里单独展出女性的作品，这种做法会不会适得其反？在5月15日至22日举办的世界妇女代表大会上，你会在妇女大厦见到许多著名的女性权利活动家。苏珊·B. 安东尼[2]（一百年后她的肖像会出现在美元硬币上）会在5月18日上午10点发表演讲。

---

1 日耳曼妮娅（Germania）是德国及德意志民族的拟人化形象，常见于德意志第二帝国期间。其形象通常是一名健壮的女性，发色金红，身着盔甲，手持剑和盾牌，有时头戴神圣罗马帝国的皇冠。

2 苏珊·B. 安东尼（Susan B. Anthony，1820—1906），美国著名社会改革家和妇女权利活动家，在妇女选举权运动中发挥了举足轻重的作用。她推动创建了国际妇女委员会，还促成了1893年芝加哥世博会上召开世界妇女代表大会。1979年她的肖像被印刻在1美元硬币上，苏珊·B. 安东尼成为第一位出现在美元硬币上的女性公民。

如果你好奇为什么这届世博会上几乎没有美国非裔露面——毕竟此时的美国约有800万非裔——那么你应该去海地馆看一看。记者、民权活动家兼曾经的奴隶艾达·B. 韦尔斯[1]正在那里抗议这种状况。她与人合著出版了一部短小精悍的作品，这本书回答了这个问题：为什么美国的有色人种不参加哥伦布纪念博览会？这本书可以在博览会的最后三个月里在海地馆免费领取。韦尔斯会在那里亲自为你送上这本书，你若是提出要求，她肯定也会答应在书上签名的。

巴黎·1900年

日期	4月14日至11月12日。建议在后半段参观，前半段有些场地仍在施工。但也不要去得太晚，因为博览会开幕不久就遇到了财政困难，由于缺乏盈利能力，有些景点不得不关闭。许多巴黎人购买了博览会的股票，赔了钱，于是人们对世界博览会的热情有所消退，至少在法国是这样。
入场费	1法郎，在清晨和傍晚入场必须购买两张入场券。

1 艾达·B. 韦尔斯（Ida B. Wells，1862—1931），美国记者、社会学家，一生致力于打击偏见和暴力，争取非裔美国人的平等，尤其是妇女的平等，可以说是当时美国最著名的黑人女性。

1900 年的“万国博览会”为人们提供了机会，使用名为“未来之路”的交通工具。遗憾的是这种交通方式在博览会之后消失了。这条长达 3.5 公里的木制移动步道（使用费一次 50 生丁）架设在同样由木头建成的 7 米高的脚手架上，由一条慢速移动步道和一条速度更快的移动步道组成。加拿大电影先驱詹姆斯·亨利·怀特作为托马斯·爱迪生公司的代表来到现场，用一部短片记录了这一切。这部影片如今依然存在，人们可以在美国国会图书馆的藏品中参观，与它一同保存在图书馆里的还有怀特在博览会前后拍摄的其他几部影片和照片。

除此之外在巴黎还可以看到：一架 60 米长的毫无意义的望远镜——博览会结束后这架望远镜将立即报废拆除；由蒸汽机驱动的汽车；第一部有声电影以及在热气球吊篮里的模拟飞行体验，吊篮周围的屏幕上设有 360 度投影。若是想要参观这项“全景影院展”必须抓紧时间行动。由于投影机的弧光灯温度过高，展览在开幕的第四天就关闭了。风险较小的项目有坐在三个豪华车厢里模拟穿越西伯利亚铁路之旅，灌木丛和风景画会以不同的速度从车窗前掠过。“海洋全景展”则模拟了蒸汽船的旅程，同样以绘制海洋景观、港口场景、冒烟的烟囱和摇晃的甲板达到模拟效果。展会上有许多新艺术运动[1]作品，人类动物园也依然存在。

多场世界博览会上共同的亮点之一是“水晶宫”：这些由铸铁、

1 新艺术运动（Art Nouveau）是一种在 19 世纪末至 20 世纪中期广泛存在于欧美的流行艺术风潮，其艺术风格是对过度在乎结构与理性的新古典主义风格的矫正，摒弃了立体结构，拥抱平面化，作品大多表现人性中热情、乐观和进步的方面。

木材和玻璃建成的巨型建筑物很受公众的喜爱。水晶宫的热潮始于1851年，伦敦的水晶宫位于海德公园，是专门为世界博览会建造的，这座水晶宫长500多米，高41米。里面有整棵的树木，不过与树木一同被水晶宫罩住的鸟儿则造成了问题。类似的水晶宫在1853年的纽约世界博览会以及慕尼黑（1854年）、多伦多（1858年）、蒙特利尔（1860年）、马德里（1887年）世界博览会上都曾建造过。除了最后一座水晶宫以外，所有这些建筑后来都成了火灾的牺牲品。若是你对玻璃构造的历史纪念建筑物感兴趣的话，还是值得利用时空穿梭机前去参观的。

难忘的周末

✦

时间旅行者的旅行时间往往有限，无法悠闲地游览全部景致。谁能像1773年的英国人塞缪尔·约翰逊[1]一样花上几个月的时间游历苏格兰的旷野呢？谁能腾出两年的时间像玛丽亚·西碧拉·梅里安[2]和她的女儿那样，1699年至1701年去苏里南旅行一趟呢？也许你不想把整个假期都花在过去，只是想短暂地体验一下这种感觉。这里有三个建议供你参考，可以带你展开既不复杂又充满趣味的周末短途旅行。

1 塞缪尔·约翰逊（Samuel Johnson，1709—1784），常称为约翰逊博士，英国历史上最著名的文人之一，集评论家、诗人、散文家、传记家于一身。他最著名的成就是花费九年时间独立编纂出《约翰逊字典》。

2 玛丽亚·西碧拉·梅里安（Maria Sibylla Merian，1647—1717），生于德国的瑞士博物学家和科学插画家，研究植物和昆虫并进行绘画。1699年，在阿姆斯特丹市的资助下她与女儿一起到当时的南美荷兰殖民地苏里南旅行。两年后回到欧洲，发表了成名作《苏里南昆虫变态图谱》。

格拉纳达，1350—1450 年

8 世纪初，来自北非的战士——也就是后来被称为摩尔人的民族——征服了现在的西班牙和葡萄牙。摩尔人是伊斯兰教徒，这是一种全新的宗教，此前在欧洲并不存在。这时伊斯兰教创始人穆罕默德去世还不到一百年。当时生活在伊比利亚半岛上的是西哥特人[1]，在那之前三百年前是汪达尔人[2]，之后的五百年里是摩尔人。平民、军队和国王往来交织。在摩尔人的庇护下，这片土地经历了很长一段稳定时期，文明之光也得以绽放，展现出了欧洲其他地区做梦都难以想象的先进迹象：路灯、石子路、图书馆、排水系统、艺术、科学。

11 世纪时，周边国家的基督教统治者强烈渴望占领伊比利亚半岛，换句话说，他们认为自己要为基督教重新夺回这片土地。在漫长、纠结、复杂的战争中，基督教军队一点点将摩尔人逼退。到了 13 世纪中叶，大多数大城市都处在基督教徒的掌控之中。与此同时，1232 年，一个全新的摩尔人国家得以建立，好似灰烬中重生的凤凰：这就是格拉纳达酋长国，由奈斯尔家族统治。这个酋长国的领土包括今天西班牙安达卢西亚自治区东部的格拉纳达、马拉加和阿尔梅里亚等城市，以高山为屏障，拥有肥沃的平原和地中海

---

1 西哥特人（Visigoths），与东哥特人共同组成了东日耳曼部落的两个主要分支。公元 4 世纪西哥特人渡过多瑙河，向巴尔干半岛迁移，定居于罗马境内。410 年，西哥特人加入对罗马帝国的战争，攻陷并洗劫罗马，是民族大迁徙时期摧毁罗马帝国的众多蛮族中的一个。

2 汪达尔人（Vandals），东日耳曼部族之一，在民族大迁徙中于 429 年占领今北非突尼斯一带，建立了汪达尔王国。公元 455 年，他们从海上出发，最终洗劫了罗马城。

沿岸的港口。奈斯尔王国与毗邻的敌人维持着如履薄冰的和平局面，其维和的一项手段就是给敌人送上大量的黄金。格拉纳达酋长国存在了250多年。它是西欧最后一个伊斯兰国家，对时间旅行者来说这是一个绝佳的旅行目的地。

假如你只是想粗浅地了解一下欧洲的摩尔人文化，那么你根本不需要穿越时空。现存的纪念碑就很适合参观。奈斯尔王朝的宫殿——阿尔罕布拉宫可谓是格拉纳达市内的城中城，如今去那里参观比酋长国时代容易得多。诚然，如今许多珍贵的画作已经或褪色、或遭到涂鸦，墙壁坍塌，塔楼被毁，后续补建的文艺复兴时期的建筑看上去也丑得要命，但正因如此你才有机会欣赏和平与宁静的阿尔罕布拉宫。特别是在奈斯尔王朝的最后150年里，阿尔罕布拉宫里的投毒案、刺杀事件、秘密阴谋层出不穷。几乎每位统治者都会遭遇意外，英年早逝。奈斯尔王朝结束之后，居住在阿尔罕布拉宫的人依然大多是武装到牙齿的士兵。直到19世纪末阿尔罕布拉宫才变成合法的旅游景点。

若是你想更详细地了解奈斯尔王朝，就要穿越时空，回到大约650年前。1333年，优素福一世执掌政权，格拉纳达的黄金时代由此开始。在接下来的20年里，阿尔罕布拉宫落成。最早的一波鼠疫于1348年传到格拉纳达，与英国和法国同年。来自格拉纳达的政治家、诗人、学者及博学家伊本·海提布[1]认定这种瘟疫是一种

1 伊本·海提布（Ibn al-Khatib，1313—1374），一生著有60多部著作，涉及历史、地理、文学、医学和哲学等领域，只有少部分著作流传至当代，其中包括《格拉纳达志》《东方城市编年史》等。

传染病，并拿出了以经验为基础的切实证据，因此他反对当时普遍存在的“疾病是上帝对人类的惩罚”的观念。

出行时请你避开瘟疫年代，而且在 1350 年以后与摩尔人保持安全距离。只要做到这些，在格拉纳达过个周末就不太可能遭遇意外——前提是你不要冒险去靠近边境，即使在和平时期摩尔人与西班牙人之间也经常发生小规模冲突。此外还要离统治者家族远一点，他们几乎每个星期都会发生谋杀案和凶杀案。

这个世纪在格拉纳达历史上是一个了不起的时代。在奈斯尔王朝统治后期，这座城市里生活着大约 5 万人。相比之下：伦敦在 14 世纪时人口才首次达到 10 万，但随后就因为鼠疫而人口骤减。科隆、那不勒斯、布拉格的居民数量都与格拉纳达相近。君士坦丁堡、巴黎、米兰的人口则更多。人们生活得逼仄拥挤，住在没有窗户的房子里，靠运河供水。按照中世纪的标准来看，这里的街道很干净。当时伦敦许多地方的街道像粪坑一样臭，而格拉纳达的污水会经地下排出。15 世纪末，纽伦堡的学者赫罗尼姆斯 · 明策尔[1]曾到访这座城市，他大为惊叹道：“依我看整个欧洲都找不出这样的地方。这里的一切如此辉煌、如此雄伟、设计得如此精妙，让人以为自己置身于天堂。”

漫步在奈斯尔王朝统治下的格拉纳达，你时常会觉得似乎总是

1 赫罗尼姆斯 · 明策尔（Hieronymus Münzer，1437/1447—1508），生于奥地利，文艺复兴时期的人道主义者、医师和地理学家，于 1494 年至 1495 年进行了著名的伊比利亚半岛巡游。他是《纽伦堡编年史》的作者之一。

有人在暗中观察你。总是有东西出现在比你更高的地方——露台、阳台、山丘。城市中蜿蜒的街巷仿佛是迷宫的一段，光与影、丘陵与山谷交替出现。城市中的建筑也反映了近在咫尺的敌人的威胁一直都在。

在市中心，你会见到壮丽非凡的巨型清真寺，宽 60 米、长 100 米。1492 年后，清真寺被新的大教堂所取代，因此你只有在过去才能亲眼见到它。在城区外围的郊区，平原与丘陵纵横交错，你可以在其间穿梭游览。最适合欣赏阿尔罕布拉宫的塔楼和城垛的位置是阿尔拜辛区的观景处。各个城区都有自己的城门，白天开放，到了晚上则会关闭。

紧邻清真寺的阿尔卡赛利亚集市有上百个摊位售卖丝绸，这是这座城市最主要的商品之一。集市旁的贸易街上，早在 1349 年就建起了宗教学校，这是一所伊斯兰高等学校，开设包括哲学、天文学和数学在内的多个学科。集市不仅在城中心举办，在许多郊区以及嘈杂、繁忙的地段也都有集市。除了大型清真寺，你还会见到数十座规模较小的清真寺，分别建有宣礼塔，每天几次召唤信众做礼拜。在街上，你会遇到各种社会背景、生活方式迥然不同的人：富商、士兵、按照自己从事的行业住在特定街道或街区的手工业者，以及住在城墙外村庄里的农民。与由基督教主导的社会环境相比，当地妇女享有的权利明显更多了，不过至于她们的存在对格拉纳达的城市形象究竟有何影响，你必须亲临现场才能找到答案。

除了少数在当地定居的犹太人和短暂到访的基督徒之外，城里的居民都是穆斯林。格拉纳达酋长国是个进步的国家：拥有一种其实没人使用的官方语言。从正式的角度来说，当地人讲的是我们如今所说的“古典阿拉伯语”，现代标准阿拉伯语就是以这种语言为基础演变而来的。不过你在街上主要听到的则是安达卢西亚的阿拉伯语，这种语言如今已经几乎消亡。若是你会说些阿拉伯语，或许人们能够听懂你的意思——前提是你的交谈对象比较有耐心。然而，你恐怕不太可能听懂当地人的语言。即便是在当代，当你去一个国家旅游却只会说当地的官方语言时，遇到讲方言的当地人，你同样也听不懂。也许你能用几句现代西班牙语应付过去，但是帮助不大。你若是不会西班牙语，自然还是要靠肢体语言来交流。倘若你有兴趣与当地人展开更长的对话，请向你的旅行社咨询口译员的收费标准。

你大可以告诉格拉纳达的居民，一百年后他们生活的这座美丽的城市将归西班牙人所有。你也可以告诉他们生活在安达卢西亚的穆斯林在 1492 年以后会遭到怎样的迫害与歧视，不过请你不要对此抱有太高的期望：当地人要么已经隐约有了这样的疑虑，要么不会相信你，要么根本没人在乎你说的话。1492 年毕竟还很遥远，人们一向不擅长为几十年以后甚至是几个世纪以后的时间做规划。即便你能说服少数几个人，让他们相信饥饿、战争、苦难、驱逐与压迫即将来临，也极少有人愿意提前五十年主动移居国外。假如你还是想检验自己说服他人的能力，可以在现代去找洪泛区或者火山附近的居民试试看。

那不勒斯，1750—1800 年

难以决定究竟是要在人文景观、自然风光还是在聚会中度过周末的旅行者，可以关注一下 18 世纪下半叶的那不勒斯。直到 1759 年，那不勒斯的国王一直是卡洛斯三世[1]，但是后来他继承了西班牙王位，只好勉强将这座宏伟的城市交给了他八岁的儿子费迪南多三世[2]掌管。此时的那不勒斯是欧洲第三大城市，有 40 万居民。大多数居民都生活在贫困中，但如果你能设法混进精英圈子，将会享受到一应俱全的物质生活。前提是你忍受得了臭味，当时的那不勒斯不擅长污水和垃圾的无异味处理，这点颇叫人遗憾。

抛开这个缺点，这座城市的美丽令人难以置信。“放眼全欧洲，没有哪个地方的文化景观与自然美景融合得如此天衣无缝，欧洲大陆找不出哪个皇家城市拥有如此蔚蓝的海水、璀璨的天空。”历史学家莱昂哈德 · 霍洛夫斯基[3]在他的《国王们的欧洲》一书中写道。这座城市的宫殿里摆满了艺术品。欧洲中部正在经历寒冷的小冰期，而那不勒斯的温度却舒适怡人，一边朝海，一边靠山。与城区毗邻的维苏威火山拔地而起，这座火山一次又一次地苏醒，分裂大地，喷出云团般的火山灰，吐出灼热的岩石。

---

1 卡洛斯三世（Carlos III）是这位君主作为西班牙国王的称号，作为那不勒斯国王，他通常被称为卡洛斯七世（Carlos VII）。

2 费迪南多三世（Ferdinand III）是这位君主作为西西里国王的称号，作为那不勒斯国王，他通常被称为费迪南多四世（Ferdinand IV）。

3 莱昂哈德 · 霍洛夫斯基（Leonhard Horowski，1972—　），德国历史学家、作家，代表作有《国王们的欧洲》。

你即将体验的是这样一个时代：在这里，人们不再像远古时期那样将火山视作恐怖的灾难，而是逐渐认可它是庄严宏伟的景观，再后来甚至还带有一丝浪漫色彩。因此，若是你向东道主表达对火山的赞叹，他们能够理解你——若是在一百年前，这样的言论则会让人们疏远你。而且，你将不会是当地唯一的游客——当时到那不勒斯游学被认为是很有品位的行为，特别是对英国人而言，他们跟你一样都是游客（只不过他们是坐马车或乘船来的，不是通过时空穿梭机）。

傍晚时分在圣卡洛剧院，游客们可以见到当地政要。这座宏伟的歌剧院于 1737 年落成。歌剧在 18 世纪的地位有点像今天的超级英雄电影，只不过表演者是会唱歌的阉伶。这座剧院共 6 层，有 180 个包厢和上千个座位，用奢华的镀金装饰，是当时欧洲规模最大、最宏伟、最富丽堂皇的歌剧院。巨大的舞台足以容纳数百名演员和真实的马匹来表演壮观的战斗场面。实际上在 1817 年，作曲家路易斯 · 施波尔[1] 曾评论道，对于歌剧表演来说，圣卡洛剧院的场地过大，声音较轻的乐曲章节在巨大的演出厅里甚至会彻底消失。因此，请不要期待在这里听到的歌剧效果与现代的录音效果一样。与其关注演出的音色，不如专注体验浮华的建筑本身带来的震撼音效。（更多相关内容请参考《没有来电铃声打扰的音乐会》一章。）

1　路易斯 · 施波尔（Louis Spohr，1784—1859），德国作曲家、小提琴家、指挥家。施波尔是瓦格纳的早期拥护者，曾指挥演出过他的数部歌剧，还是世界上最早使用指挥棒的指挥家之一。

若是你前往 18 世纪的那不勒斯旅行，你会发现自己来到了音乐世界的中心——前提是你不甚合理地把“世界”定义为“欧洲的三四个王国”。全欧洲最优秀的作曲家争相为那不勒斯创作歌剧。斯卡拉蒂、佩尔戈莱西、杜兰特、帕伊谢洛等当地作曲家后来也闻名世界。那不勒斯乐派融合了晚期巴洛克风格和早期古典主义风格，对克万茨和格鲁克，以及后来的海顿和莫扎特都产生了深远影响。

如果你会演奏当时流行的某种乐器，比如长笛、小提琴或是大提琴，说不定可以获得威廉·汉密尔顿爵士的赏识，1764 年起他便出任英国大使常驻那不勒斯。汉密尔顿是个有着一腔热忱的业余音乐家，不仅如此，他也是满怀热情的业余火山学家以及业余古董收藏家。在汉密尔顿的各处别墅里定期举办的宴会深受英国游客的喜爱，就算没有长笛，说不定你也有机会参与其中。

巨石阵，公元前 3000 年—公元前 2000 年

现在我们来看看与上述迥然不同的旅行路线。你可以穿越到四五千年以前，在我们如今称之为英格兰的地区露营作为周末的消遣。现在位于大不列颠岛南部的威尔特郡的巨石阵就是在这一时期建成的。在这次旅行中，你不会见到歌剧院、城堡、假发、清真寺、长笛，也不会经历餐桌漫谈或者瘟疫。相反，你倒是有可能

见到现今在大不列颠岛早已灭绝的动物，比如深受时间旅行者喜爱的原牛——现代家牛的祖先，这种动物体型虽大，但只要你不惹恼它，它的性情就很温和。无论你说的是什么语言，当地人肯定听不懂。至于金钱你也不必担心，这时货币还没发明出来。任何有用的东西都可以用来以物易物。从某些方面来说，这个时期非常讲究实用性。

与今天不同的是，当时的英国主要是林地。如果你忘了带帐篷，那就用树干和树枝搭建一座遮风挡雨的住所吧。当地的柴火很充足，然而不幸的是柴火经常是湿的。如果你走运碰上了好天气，便可以生起篝火做饭。但如果没那么走运，就只能吃你自带的花生酱和芝士三明治了。

你前往旅行的时间正处于新石器时代的晚期。岛上的居民此时已经不再游牧，开始向稳定的生活方式过渡。人们开始驯化动物、种植谷物、耕种农田、开垦森林、建造定居点。在这一千年中期的某个时段，所谓的钟形杯文化[1]在不列颠群岛出现，这些富有特色的容器由陶土制成，在欧洲各地都曾经出土。伴随陶器而来的还有海峡对岸那些肤色较浅的人。在几百年的时间里，这片土地上的人口整体上发生了变化。至于这究竟是什么原因造成的目前尚未可知。在诸多可能的原因中，有一种可能性是新的居民带来了某种疾病，感染了对这种疾病没有免疫力的原住民。如果你在当地遇到的

1 钟形杯文化（Glockenbecherkultur）是从新石器时代晚期至青铜器时代的史前西欧的一种考古学文化用语，因这一时期的陶土容器似倒钟而得名，起源于约公元前 2800 年，持续到公元前 1800 年。

大多是黑皮肤、黑头发的人，那就说明钟形杯文化人群尚未到来。在这一千年的末期，人们将学会如何用红铜和锡造出青铜，美丽的石器时代就此画上句号。

关于这些变化，你并不会明显地感知到。这一时期生活在英国的约有几十万人，大约是今天人口的百分之一。就算你真的能遇见某个人，也不必逗留太久——毕竟你没有时间学习外语、适应陌生的食物以及治疗未知的疾病。不如在建造巨石阵的空地附近找个僻静处，欣赏植物、鸟类和昆虫，远远地观察巨石阵的变化。

当然了，在现代你去参观巨石阵的遗迹不是什么难事。不过巨石阵并不一直都是现在这个样子，它更像是一个项目，而不是一座建筑。在今天，这座遗址位于一片没有树木的平原上，同当时一样。在巨石阵建造之前很久，已经有人类来到此处并在当地定居。五千年前，这里已经能够找到人类建造的痕迹：住所、农田、坟墓。在随后的五百年里，巨石阵的早期版本现出了雏形。最初只是一些沟渠、矮墙和洞穴，后来插上了木桩。大约在公元前 2600 年，也可能是在稍晚些的时候，第一批石头被加入进去。后来人们运来了更多的巨石，对其进行加工、摆放、重新排列。与此同时，围绕着巨石阵的中心建起了越来越多的石头构造。公元前 1700 年前后，石阵最后一次被改动，在那之后不久人类活动的迹象便消失了。巨石阵的建造是个缓慢、渐进的过程，耗费的工时数以百万计，其中大部分活动都发生在后期阶段。在这一千多年的时间里，巨石阵在人类历史上留下越来越深刻的印记（用的不是凿子，而是石头和木头制成的工具)。

几乎可以肯定的是，你应该可以见到如今已经不复存在的纪念碑。此外，你还可以了解巨石阵的用途。你也许会目睹下葬的过程或者漫长的游行；也许会遇见石器时代的朝圣者或天文学家，或是两者你都能遇见；也有可能在你旅行期间并没有人到那里去。另外，有件事是毋庸置疑的，那就是巨石阵一定与太阳的二至点有关。有些石柱结构指向一年中白昼最长的那一天日出的方向，或者反过来看，指向一年中白昼最短的那一天日落的方向。这几乎不可能是巧合。因此这两天在巨石阵附近的活动可能会有所增多。现代许多专家认为巨石阵与冬至有很大关系，而与夏至的关系不大。这个地区在夏天可能空无一人。换句话说，在 12 月底去探访这片遗迹，你更有机会了解巨石阵的原始用途。这段时间的天气不太适合露营。记得带上雨鞋、雨衣和暖和的帽子。

拜访科学家

科学研究的过程通常不为人知。物理学家、化学家、地质学家、生物学家的工作都不会处在聚光灯下，当某位科学家钻研几十年后终于获得诺贝尔奖时，大多数人都是第一次听到这个名字。我们听说的只有顺利的实验、成功的故事，却不了解取得科学发现之前那些有关失败、挣扎、怀疑和挫折的故事。时间旅行者有机会在科学家们变得出名且无趣之前拜访他们，亲眼看着他们写公式、收集动物的尸体、建立档案、混合液体或者进行思想实验。与诺贝尔奖颁奖典礼的照片相比，此时的他们往往看起来会年轻、漂亮得多。以下是一些针对科学史之旅的建议。

伽利略·伽利雷，帕多瓦，1610 年

有些人将伽利略·伽利雷视为“现代科学之父”。然而世界的运行规则并没有那么简单，不是每个抽象的事物都有着自己的父亲和母亲。伽利略之所以闻名于世，原因之一是他在 1609/1610 年冬

天用望远镜进行了首次天文观测，这个冬天拜访伽利略你将不虚此行。其中有三个实际原因。首先，他的天文学发现是在一段相对较短的时间内产生的，大约有几个月的时间，因此你不需要像第谷·布拉赫[1]那样在丹麦的某个小岛上枯坐好几年。其次，伽利略工作的地点位于阳光明媚的帕多瓦，这是个风景怡人的旅行目的地。为了与埃奇沃思·戴维[2]一同踏上南磁极而愿意在1909年跟随他前往南极洲的人毕竟是少数。最后，在夜色的掩护下到伽利略家门外看上一眼，这完全是有可能办到的。

在17世纪初，帕多瓦是威尼斯共和国的一部分。从当地乘坐马车和贡多拉小船抵达国际大都市威尼斯只需要几个小时，这段行程伽利略十分熟悉。在那里，伽利略第一次从荷兰商人口中听说了望远镜的发明，于是他决定自己造一架望远镜。此时威尼斯共和国最繁荣的时期已经过去，威尼斯陷入了与土耳其人的争端中，似乎看不到尽头。尽管如此，这座城市仍然是一座大都市，并且向全世界开放。时间旅行者的装扮虽然奇怪，却会与许多古怪的外来者混杂在一起。当时的战争都在别处发生，自1576年以来，瘟疫在当地也已经平息。

据伽利略本人的说法，在帕多瓦的那些年，也就是1592年至

---

1 第谷·布拉赫（Tycho Brahe，1546—1601），丹麦贵族，天文学家兼占星术士和炼金术士。德国天文学家约翰内斯·开普勒曾是他的助手。1576年，第谷在丹麦国王腓特烈二世的赞助下在厄勒海峡中的汶岛上建立起天文台，并在此从事天文学研究，直到1597年第谷才离开汶岛。

2 埃奇沃思·戴维（Edgeworth David，1858—1934），澳大利亚地质学家和南极探险家。由他带领的探险队在1909年1月16日初次抵达南磁极。

1610 年，是他一生中最快乐的时光。总体来说当时的他仍然不为公众所知，与天主教会之间的不愉快的争端也尚未发生。伽利略与几名学生共同生活在一座宽敞的房子里，靠在当地大学教数学和天文学来谋生。业余时间里，他与一个住在离他家几条街外的女人共同育有三个孩子。抚养孩子的花销不小，因此伽利略想找一份更好的工作，或许他也想在瘟疫再次暴发之前出人头地。

伽利略自制的望远镜性能并不优越。手工制作的折射望远镜放大率可达到 3 至 30 倍。这个倍数并不算高。如今花 100 欧元就可以买到放大率相似，但光学效果更好的双筒望远镜。可以预见的是，如果你通过伽利略的望远镜观察星星，星星周围会有模糊的光晕，月球也会明显地扭曲变形。不过只要能用它看到前所未见的东西就够了，换言之这也是伽利略的预期。1609 年 8 月，他首次向世人展示他的望远镜是在一个白天。不久的将来望远镜将征服世界，出现在船上、堡垒中和将军们的手里。

拜访伽利略的最佳时间是 1610 年 1 月。他在两个月后出版的那部日后闻名于世的著作《星际信使》中记录道，他发现了四个与木星同在夜空中移动的小光点，在几周的时间内，它们沿着一条线来回移动，这就是木星著名的“伽利略卫星”，如今人们分别称之为欧罗巴（木卫二）、加尼美得（木卫三）、艾奥（木卫一）和卡里斯托（木卫四）。人类无法用肉眼观测到这四颗卫星。此外，伽利略还绘制了月球的表面，并辨识出了与地球上相似的立体结构、山岭与山谷。透过望远镜观察到天空中布满了星星，由于镜片不够完美，这些星星看上去固然很丑，但是远比没有辅助工具的情况下看到的东西多得多。

在这个时期，伽利略并不是唯一用望远镜观察天空的天文学家。1609 年夏天，英国人托马斯 · 哈里奥特[1]先于伽利略观察到了月球环形山，而在伽利略发现后不久，德国弗兰肯地区的西蒙 · 马里乌斯[2]在 1610 年 1 月也观测到了木星的卫星。在罗马，耶稣会的修士也在用自己的望远镜观察天空。望远镜自 1608 年被发明出来以后，迅速出现在欧洲的各个角落。将这样一种装置对准木星或月球的想法算不上别出心裁，也谈不上有开创性。这种做法显而易见，第一批科学发现的成果就像低悬在枝头的果实。谁第一个抓住它，第一个将自己的发现公之于众，谁就是赢家。

伽利略很清楚这一点，因此他抓紧时间出版了《星际信使》。在 17 世纪的自然科学界，“不出版就灭亡”的道理已经适用。他以曾经的学生、托斯卡纳大公科西莫二世 · 德 · 美第奇的名字来命名自己的发现，几个月后，科西莫二世在佛罗伦萨的美第奇宫廷为他提供了一个待遇极优渥的新职位：没有教学任务，终身雇佣，永远有稳定的收入。伽利略实现了所有科学家的梦想。木星卫星的发现不仅是天文学上惊人的进步，也向人们展示了科学家为了保障自己

1 托马斯 · 哈里奥特（Thomas Harriot，1560—1621），英国天文学家、数学家、翻译家。最近的研究表明哈里奥特自 1609 年 7 月以来就通过望远镜观测月球，并首次创作完成了月球表面的地形图。

2 西蒙 · 马里乌斯（Simon Marius，1573—1625），德国天文学家、医生。他曾在 1601 年赴布拉格向第谷 · 布拉赫学习观测技术，可惜第谷在他到达后四个月就去世了。马里乌斯与其他天文学家同时发现了太阳黑子，但他们的发现之间并无关联。

的生计做出了哪些努力。

1610年在天文学史上可谓是个激动人心的年代。当时的大多数天文学家仍然相信行星和太阳都围绕着地球旋转。只有约翰内斯·开普勒、伽利略等少数天文学家分别支持着只有六十年历史的一项理论的几种不同版本，这一理论就是所有的行星都围绕着太阳旋转。还有一些人倾向于中立——太阳和月亮围绕着地球旋转，其他行星则围绕着太阳旋转。科学家们针对不同理论体系的优缺点进行了深入辩论。一条十分有效的经验法则是“不寻常的想法需要不寻常的证据”，而此时还没有真正的证据能够证明在我们生活的这个世界，地球和所有行星都围绕着太阳运行。如果你对这个话题感兴趣，你肯定有机会在帕多瓦大学参与关于正确宇宙观的讨论，前提是你听得懂并且会讲拉丁语。

发现木星的卫星并没有为不同宇宙观之间的辩论带来多大改变。木星拥有卫星这一事实并不能证明太阳是否围绕着地球运行。要想证明这一点，首先必须让另一颗行星发挥作用，那就是金星。人们从地球观测金星，当它位于太阳的左侧或右侧时，它看起来就像一弯小月牙儿，这是因为金星只能从一侧被照亮。在环绕太阳运行的过程中，金星会显示出与月球相同的相位。如果相反地，金星是在太阳运行轨迹的内侧绕着地球运转，那么这颗行星应该只能呈现出月牙似的相位。伽利略、哈里奥特、马里乌斯和其他天文学家通过望远镜跟踪观察金星的运行，大约在1610年底，金星呈现出了与人们预期完全相符的相位，也就是围绕着太阳旋转形成的相位。这个发现切实撼动了古老的地心说。这至少可以证明金星不是在围绕着地球运行。但此时的伽利略已经身在佛罗伦萨，举世闻名，想要拜访他已经很困难了。

我们要给时间旅行者提个醒：你肯定觉得伽利略是个富有魅力、风趣幽默的人，或许你还会想细细询问有关他的仪器、想法和理论的问题。但与此同时，伽利略又是个雄心勃勃、行事隐秘、性格多疑的人。他不会随便与别人谈论木星的卫星，至少在他的著作于 1610 年 3 月出版前不会。在与被他视为竞争对手的天文学家交往时，他的做法颇具传奇色彩。他在写给开普勒的信中把金星相位的发现用易位构词的方式隐藏其中，只是为了及时确立这一发现归自己所有。多年以来，伽利略一直与德国英戈尔施塔特的耶稣会士克里斯多夫 · 沙伊纳就谁第一个发现了太阳黑子而争论不休。从历史角度来看这场争论毫无意义，因为最先观测到太阳黑子的很可能是我们之前提到的托马斯 · 哈里奥特。

总之，伽利略投入了很大精力来守护自己的名声。他不会向你透露太多，因为他害怕暴露太多信息。你若是不打算在帕多瓦大学入学听课，就只能远远地观察他，偷偷地观察。也许你会在街上遇见他。也许夜晚你会看见他出现在阳台上，面前架着望远镜。我们建议你谨慎行事：已经有太多的时间旅行者被当地人怀疑是间谍了。请不要用隐藏的相机拍照，不要跟踪当地人，也不要在伽利略家门口长时间地徘徊。既然你已经置身于书写科学史的现场，那就请认真去体验吧。

玛丽亚·库尼茨，皮琴（西里西亚），1650 年

玛丽亚·库尼茨[1]的研究对象也是行星，但她生活的时期比伽利略晚了几十年。1650 年，她出版了著作《和蔼可亲的乌拉尼亚》。这本书最大的成就是确定了行星的位置，为人们探究太阳系如何运行提供了必需的数据支撑。库尼茨修正了由开普勒创作的旧版表格中的错误，并大大简化了表格的使用方式。即使是在有计算机帮助的今天，计算行星的位置也不是一件易事，在当时这更是一项惊人的数学成就。

玛丽亚·库尼茨生活在皮琴（Pitschen），这座城市现属于波兰，名为贝奇纳（Byczyna）。三十年战争[2]期间，皮琴惨遭多个国家的军队蹂躏摧毁。库尼茨和她的丈夫埃利亚斯·冯·洛温在外逃亡数年，在战争结束时得以返回了家乡。请你务必避开最严重的动荡时期、鼠疫暴发时期和苦难的战争年代（更多内容请参考《战争的阴暗面》一章），在 1648 年之后到访皮琴。玛丽亚·库尼茨能流利地使用好几种语言，而且兴趣爱好广泛，这可能会使你更易于与她交谈。

---

1 玛丽亚·库尼茨（Maria Cunitz，1610—1664），著名女天文学家，金星上的库尼茨撞击坑和小行星 12624 Mariacunitia 就是以她的名字命名的。她出生于西里西亚地区，该地区的绝大部分位于今天的波兰。

2 三十年战争（德语：Dreißigjähriger Krieg，英语：Thirty Years' War），是 17 世纪上半叶以德意志为主要战场的一次席卷欧洲的战争。它是欧洲国家间争夺领土、王位、霸权以及各种政治矛盾和宗教纠纷尖锐化的产物。战争基本上以德意志新教诸侯和丹麦、瑞典、法国为一方，得到荷兰、英国、俄国的支持；神圣罗马帝国皇帝、德意志天主教诸侯和西班牙为另一方，得到教皇和波兰的支持。因这些战争断断续续发生于 1618—1648 年，故称三十年战争。

为什么你之前没有听说过玛丽亚·库尼茨呢？一方面是因为在17世纪的欧洲，女性关注数学和天文学被视为不得体的行为，因此她与同事之间的信件往来都是通过她的丈夫埃利亚斯·冯·洛温进行，而她的丈夫在《和蔼可亲的乌拉尼亚》的序言中也明确表示了自己并非作者。另一方面，一场大火在1656年5月烧毁了半座城市，玛丽亚·库尼茨的作品有很大一部分化为了灰烬。至于她还是否进行过其他方面的科学探索，我们不得而知。也许你在旅行中会发现更多关于她的信息。

詹姆斯·赫顿，爱丁堡，18世纪70年代

詹姆斯·赫顿[1]是改行后才加入科学界的，他也是最早倡导“地球表面正在不断地经历重塑”这一观点的人物之一。此观点有着多重意义，其中之一就是人们可以通过观察如今仍在发生的改变——比如风的侵蚀、沉积物的沉淀、火山的爆发等——来了解地球的历史。如今，板块构造也被算作这些改变之一（请参考《小修小补》一章）。现在听来显而易见的事情在赫顿时代却是全新的理论。当时流行的是另一种理论：所有岩石都是在一次大型岩石形成事件中形成的。

1 詹姆斯·赫顿（James Hutton，1726—1797），苏格兰地质学家、医生、博物学家、化学家。他学生时代曾先后学习人文学科、法律和医学，并获得了医学博士学位。后来他继承了父亲的农场，在经营农场期间对地质学产生了兴趣。

18 世纪的爱丁堡是苏格兰启蒙运动的中心之一。假如你在 18 世纪 70 年代到访这座城市，幸运的话，你可能会遇到一大批著名科学家。这里指的只是男性科学家——这也是启蒙运动不太“启蒙”的一个方面。赫顿与经济学家亚当·斯密以及化学家约瑟夫·布莱克共同创立了“牡蛎俱乐部”，每周会面一次，举办聚餐、饮酒、辩论等活动。大卫·休谟、詹姆斯·瓦特和本杰明·富兰克林都参加过。牡蛎俱乐部的聚会地点遍及爱丁堡老城区的各个场所。跟当时所有俱乐部一样——妇女是不允许成为会员的。如果你不喜欢吃牡蛎，这也会是一个问题。

你一定要去索尔兹伯里峭壁逛逛，这是一道位于亚瑟王座山西侧的岩石结构，鸟瞰整座城市。一方面你能在这里俯瞰爱丁堡的美景——一边是北海，另一边是地平线上的山峦。你能看到 19 世纪以前的峭壁的风貌，那时当地的岩石尚未被开采、加工或用来铺设道路。另一方面，你可以毫不费力地看到赫顿开展研究所用的岩石。这些岩石中既含有沉积物，又有源自火山的物质。赫顿由此意识到这两种石头肯定是以不同方式在不同时间形成的。地质学家需要暴露在地面的石头，而詹姆斯·赫顿的家门口恰好就有这种石头。运气好的话，你也许会在山上遇见他——一位没蓄胡子、头发稀疏的老先生，一边观察石头一边若有所思。你可以问问他最喜欢哪种石头。说不定他会带你去看悬崖底下山坡上的一块山体，如今它被称为“赫顿石”（Hutton’s Rock）。这些岩石能够让你在原本的时间旅行中额外体验一场略有不同的时间之旅，也就是再回溯三亿年——那时的“亚瑟王座”是一座火山，而苏格兰是个位于赤道附近的热带国家。

埃米·诺特，哥廷根，1930 年

埃米·诺特[1]是数学界最了不起的人物之一。如今所有学物理的人刚入门不久就会接触到诺特定理，这条定理反映了对宇宙规律的深刻洞察。该定理指出，在自然界中对称性和守恒定律之间存在直接的联系，二者都是自然规律的基本特征。比方说，假如有这样一项物理实验，无论你在宇宙中的任何时间、任何地点进行，实验结果都是完全相同的，那么它就具备“平移对称”的特征，动量和能量的守恒也遵循诺特定理。也就是说只要你知道一个条件，无论是对称性还是守恒定律，就可以推导出另一个条件。诺特定理为人们提供了一种探索自然规律的方式。

诺特在德国的埃朗根完成了学业，她的父亲是当地的一位数学教授。她是德国第二位获得数学博士学位的女性。在很长一段时间里，她都以助手的身份为父亲工作。1915 年她搬到了哥廷根，在那里研究数学问题。起初她依然被聘为研究助理，直到 1919 年，

1 埃米·诺特（Emmy Noether，1882—1935），德国数学家，是抽象代数和理论物理学领域的杰出人物，许多学者称其为“历史上最杰出的女数学家”。诺特于 1933 年前往美国避难并于年底开始在布林莫尔学院工作，1935 年去世后，她的骨灰被撒在学院老图书馆庭院的回廊下。

经过好一番波折她才得到了一个编外讲师的职位。20 世纪 20 年代，她在数学界已经很有名气，然而她的许多作品都是以男人的名义出版的。即便是在 20 世纪，女性靠数学谋生也不是一件易事。

埃米 · 诺特对研究和教学都充满激情。她说起话来语速快、声音大，外行人也许很难听懂她讲的数学题目。有的学生抱怨她的课程分类不清、组织混乱，而也有一些学生对她的课堂采取开放式、启发性的讨论赞叹不已。有时人们会看见埃米 · 诺特与学生在公园、咖啡馆或者街上谈话。从 1922 年至 1932 年，诺特住在哥廷根东南方距离市中心只有几百米远的弗里德兰德路 57 号，这幢房子归"图林根"学生联谊会所有。自 1929 年起，数学研究所迁到了位于本森街的一栋新楼里，两个地方离得很近。

哥廷根这座城市以卡尔 · 弗里德里希 · 高斯[1]而闻名，时间旅行的研究也正是在这里取得了巨大进展。第一次世界大战前，赫尔曼 · 闵可夫斯基和卡尔 · 史瓦西都曾在这里工作，两位科学家对于空间和时间的理解都远远领先于他们的同事。20 世纪 20 年代，哥廷根成为数学界的中心。大卫 · 希尔伯特不仅把诺特带到了哥廷根，也把赫尔曼 · 魏尔（第一次待到 1913 年，离开后又于 1930 年返回哥廷根）和约翰 · 冯 · 诺伊曼（1927/1928）带到了哥廷根。工程师路德维希 · 普朗特则是流体力学研究所的负责人。物理学研究所里更是充满了日后的诺贝尔奖获得者：马克斯 · 玻恩和詹姆

1　卡尔 · 弗里德里希 · 高斯（Carl Friedrich Gauß，1777—1855），德国数学家、物理学家、天文学家、大地测量学家，在哥廷根大学学习和研究多年。

斯·弗兰克分别担任哥廷根两家物理研究所的主任。1930 年玛丽亚·戈珀特－迈尔在这里完成了她的博士学位。沃尔夫冈·泡利在 1921/1922 年担任玻恩的助手。1925—1926 年，维尔纳·海森堡与玻恩以及帕斯库尔·约尔当一同在哥廷根研究他的矩阵力学。如果你对时间旅行这门科学感兴趣，光是读到这些名字大概就足以感到欣喜若狂了。

1933 年春天，希特勒上台后颁布了一项新的法律，允许纳粹将他们看不顺眼的人从大学里赶出去，首当其冲的便是犹太人和被纳粹视为政治对手的人。哥廷根数学界的黄金时代由此画上了句号。埃米·诺特和她的许多同事不得不放弃了教职。她是犹太人，还曾经短暂地活跃在左翼政治组织中，而且几年前她曾在莫斯科进行客座讲座（时间是 1928/1929 年的冬天；如果你想去哥廷根拜访诺特，请避开这个时间段）。就这样，纳粹随随便便就找到了三个解雇埃米·诺特的理由。诺特最终移居到美国，并于 1935 年因癌症手术而去世，年仅 53 岁。

中世纪时期的一片乐土

深受时间旅行者欢迎的“中世纪”游览行程其实是虚构的，与今天常见的中世纪风格的集市和节庆活动很相似，而与真实的过去其实没有多大关系。真正的中世纪——也就是大约 6 至 15 世纪的这段时期——有许多令人难以适应的状况。对于这些状况，你在计划旅行时也很难做准备，毕竟在当时就连女王的生活都难免受到限制，因此从中世纪度假归来的旅行者经常给旅行社写差评。

对今天的旅行者来说最难适应的是中世纪的卫生条件。中世纪的人从不洗漱，这个传言并不属实——泡澡其实很受欢迎。不过供应充足的热水需要耗费大量的人力，而且不是在任何时间、任何地点都有澡堂。从这个角度来看，北欧国家算得上值得推荐的中世纪旅游目的地：那里的人每星期都泡澡，每天都梳头、洗漱，还定期换衣服。据 13 世纪的一份英国的资料记载，“丹麦人”（这里泛指来自北欧的人，并不见得一定来自今天的丹麦）正是利用这些机会玷污了已婚妇女的贞节、勾引上了贵族的女儿。

不过这些资料并不可靠，而且撰写记录时距事件发生时也已经过去了两百年。然而无可争议是，北欧人确实比欧洲中部的人更讲卫生。北欧人的随葬品有剃须刀、镊子、耳朵清洁工具和梳子。他们会制作肥皂，漂洗头发。尽管如此，巴格达的学者艾哈迈德·伊本·法德兰曾于公元921年前往伏尔加河一带，在那里他遇到了来自北方的人，他发现这些人的卫生习惯令人难以忍受，他们在发生性行为后也不洗漱，而且早上所有人都用同一个水盆洗脸、洗手。因此对卫生条件非常在意的人可以考虑把旅行目的地定在伊斯兰世界，比如巴格达、君士坦丁堡或奈斯尔王朝时期的格拉纳达（请参考《难忘的周末》一章）。

对于没那么在意卫生条件的旅客来说，冰岛算得上是个合适的目的地。那里有天然温泉，因此冰岛比其他北欧国家更干净一些。无论在哪个时代，人们都有在温水中沐浴的习惯，而且认为这是健康的生活习惯。人们也会用温水洗衣服。不过即便是在冰岛，温泉也没有多到家家都有的程度。如果你很重视身边人的个人卫生，而且想便捷地清洗衣服，那么请选择临近著名温泉浴场的地区作为旅行目的地。

除了卫生条件，冰岛还有很多优势。与大多数邻国相比，冰岛的社会环境相对和平安定。其他地方战乱频仍，但是在冰岛最大的危险是卷入私家血仇。你唯一需要避开的时期是斯图伦斯时期[1]，也就是1220—1270年，这期间发生过多场混战。在1238年8月21日（此为冰岛历法，后面会有更多介绍）奥利格斯塔济战役爆发，

---

1 斯图伦斯时期（冰岛语 Sturlungaöld，英语 Sturlung Era）指的是13世纪中叶冰岛的暴力内乱时期，因当时冰岛最有权势的斯图伦家族而得名。这一时期，当地的酋长们率领自己的追随者进行战争，后来以冰岛自由邦废止、冰岛于1262年起被挪威统治而结束。

参加战斗的约有2700人，近60人死亡。1246年4月19日在豪格斯内斯又发生了一场战役，110人死亡。战斗场面算不上壮观：参战的大多数是农民，作战方式则是互相扔石头。

中世纪的冰岛实行的是半民主的管理方式。妇女可以拥有土地、书籍和手稿，可以离婚，可以收回嫁妆，可以接替不在当地或者已经去世的丈夫继续经营生意。尤为实用的一点是，你可以用现代冰岛语与他们在一定程度上交流。如果没有上过相应的课程，德国的时间旅行者对古高地德语则几乎一窍不通，欧洲国家的居民对各自的民族语言也都一样。不过，如今的冰岛语与一千年前的古北欧语很相似，当代人依然能看懂，只是不太习惯它的发音而已。

9世纪末以前的冰岛只适合对冰岛格外有兴趣的旅行者（详见下文），因为当时这个国家还荒无人烟，你大概只会遇见几名离群索居的爱尔兰僧侣。公元874年以后，开始有人在冰岛拓荒定居——主要是挪威人和爱尔兰人，而来自爱尔兰的拓荒者并不是自愿前来，而是作为农奴被掳来的。自930年起，大部分可以耕种的土地都已被分配完毕。因此，若是想在这里永居（请参考《永久定居》一章），最好早点前往。据冰岛的《定居书》[1]记载，女性也可以去拓荒。这份史料正是早期拓荒者的名单，其中不仅有男性，也有女性。

行动越早就越容易获得土地，甚至有可能免费获得土地。而且

---

1 《定居书》（*Landnámabók*）诞生于中世纪，作者不详。全书分为五个部分，一百多个章节，详细记述了冰岛的发现过程、定居人数、家族历史、重要事件等。原稿已经遗失，现存的五个版本为13、14世纪的手抄本。

当时的邻居也乐意为新来的人提供支援，不会起疑心。你可以找个舒适的住处，带有温泉浴场和洗衣房的地方，同时避开那些（从过去的角度看来）将来会发生爆炸，或是会被几米厚的熔岩覆盖的地方。冰岛的缺点对长期露营或移民者的影响更大，对短期度假者的影响则较小：冰岛的土壤不太肥沃，境内有大量活火山，即便在温暖时期天气也比较寒冷。

与当地人打交道通常不难。他们热情好客，习惯了接待客人——外国客人有时甚至会住上几个星期或是几个月。然而多年来当地的粮食一直不太充裕，特别是在冬末。因此无论你何时前去旅行，你都应该努力为食物供应尽一份力——你在秋天吃掉了什么，到了春天自然就会缺乏什么。尤其受欢迎的是那些在冰岛本就稀缺，或者彻底不出产的食物：葡萄酒、谷物、蜂蜜、油、香料等等。要是你拿不准，那就记住最重要的是数量，质量倒在其次。同在其他地方旅行一样，请尽量避免用来自现代、保质期很长的礼物来迷惑未来的考古学家（更多相关内容请参考“关于时间旅行的实用建议”部分）。

在这个国家，人们往往十分尊敬那些能够慷慨地送出礼物的人。不过，当地人对于慷慨的判断标准与如今有着很大的不同。当地人眼中真正的礼物指的是那些一旦送出，几乎有可能危及送礼者生存的礼物。因此请不要吝惜你带去的东西，最好是在刚刚入住时就把你带的东西全数交给招待你的东道主。作为回报，他们是不会让你饿肚子的——至少不会让你比别人更饿。

对于独自旅行的女性来说，最好随身携带一把以上的大钥匙，放在显眼的地方，以彰显你作为富裕家族的女主人的身份。不过，现代房屋的钥匙太小了，而且当地人很可能不认识这样的钥匙。如果有需要，请咨询博物馆、旅行社或是去中世纪的集市上找找。注意你拿到的不能是按比例缩小后的装饰物，而是一把原始尺寸的钥匙。

在制定旅行计划时通常要注意一点，从 10 世纪至 18 世纪，冰岛采用的是当地特有的历法，其中闰年有 53 个星期。假如你想在某个特定的日期去旅行，请提前咨询专门研究冰岛的旅行社。

若是你想了解基督教之前的宗教，则必须在千年之交来临前踏上旅途。在公元 1000 年（也可能是 999 年，以你亲眼所见为准）的阿尔庭（意为“全体会议”）上，在法律演讲人[1]托尔盖尔·托克尔松的干预下，冰岛决定全国推行基督教。这项决议发生得很和平，不过参会人员拒绝接受冷水洗礼，因此大规模的洗礼只好推迟，到附近的温泉进行。私下里信奉旧神依然是允许的。

不仅如此，阿尔庭本身也是个值得一去的旅行目的地。它不仅是全世界最古老的议会之一，也是一种露天的节庆活动。大约自 930 年起，阿尔庭每年 6 月中旬在雷克雅未克以东约 40 公里的辛格韦德利举行，该地区至今仍是冰岛的一个重要景点。如今在那里人们只能漫步、欣赏风景、阅读景区公告牌上的讲解文字，然而中

1 法律演讲人源自日耳曼地区由智者当众背诵法律的传统，在公元 930 年的阿尔庭上被正式确立为一种职务，其职责包括主持阿尔庭，提供法律建议并解读法律。

世纪时这里进行的活动要精彩得多：宣读法律、匡扶正义、商贸往来、跳舞、举办庆祝活动等等。

你到访辛格韦德利可能并不会引起旁人的注意。参加阿尔庭会议的冰岛人非常多：只要有能力出席，每位遵纪守法的自由人都有权利参加这场大会。早点儿去比较好——也就是在冰岛进行宗教改革之前——改革后就禁止跳舞了。如果你喜欢跳圆圈舞，改革之后的法罗群岛[1]会更适合你。

改革之后另一个颇为扫兴的后果是司法系统的改变。在拓荒者来到冰岛的最初几百年里，阿尔庭上展现的法律关系即便与今天的法律相比也明显更加人道。大多数情况下，有罪的一方只需要向受害者支付经济赔偿就可以抵罪。最严厉的惩罚措施也不过是时间或长或短的流放。在冰岛这意味着被流放者不允许获得任何人提供的食物或住所，随便什么人都可以将其打死，因此被流放者必须移居他国，而冰岛人认为这样的安排极其痛苦。这种惩罚措施没有官方指定的执行者，判决由受害者的亲友执行。

宗教改革之后，无论是法律制度还是后来发生在阿尔庭的事件，都朝着令人不快的方向发展。“不道德”的妇女被溺死，女巫则被活活烧死。当地的刑罚中有鞭刑、烙刑和肉刑。既然你在现代不愿意到实行这种刑罚的国家去围观行刑，那么在过去也是一样的。

13 世纪末的冰岛处于挪威的统治之下，新的统治者不肯遵守

---

1 法罗群岛（Faroe Islands）是丹麦的海外自治领地，大约处在挪威与丹麦中间的位置。受北大西洋暖流的影响，虽然法罗群岛纬度较高，但气温长年在零度以上。

此前的协议。政治和法律架构变得越发不民主，教会执掌了权力。大约也正是在这一时期，“小冰期”[1]开始了，这一寒冷时期持续了几个世纪，给这个土地原本就难以耕种的国家造成了沉重的打击。农作物收成稀少，牲畜却需要更多的饲料来度过更漫长、更寒冷的冬天。这也对政治结构产生了不利的影响。

这些固然不算是出行的障碍，不过，除非你格外偏好某个特定的时期，否则在拓荒初期到 13 世纪初的这段时间到访，更有可能遇见对生活心满意足的当地人。但农奴是个例外。从拓荒时期到至少 12 世纪，冰岛一直实行奴隶制，农奴大多是从不列颠群岛被掳走或者买来的。

从传染病的角度来说，我们也更推荐早期的冰岛。当地直到 1241 年才出现天花，鼠疫则是在 1402 年才首次传到冰岛，1494 年又再次出现。第一次鼠疫大暴发比第二次更加致命。这两次鼠疫大暴发你都应该避开。不过也请你记住，你也很容易成为第一个将某种疾病传播到冰岛的人。请务必留意本书在“关于时间旅行的实用建议”部分给出的提醒。

温泉固然舒适怡人，但也预示着另一种危险。冰岛位于大西洋中脊，两大地壳板块的交界处。北美板块和亚欧板块向相反的方向漂移，使得地球内部滚烫的岩浆向上传递。温泉和间歇泉就是这种运动直接产生的。此外还有两个随之而来的、对你毫无益处的后

1 小冰期（Little Ice Age）指开始于中世纪后期的全球气温下降现象，目前对年份的界定没有统一的标准，一种说法认为是 15—19 世纪，也有约 1300—1850 年的说法。

果，那就是地震和火山喷发。如果你住在火山旁边，房子和农场随时可能被岩浆淹没，你不得不将这个地质问题纳入考虑。

或许你想在冰岛停留期间做些调研。由于冰岛人喜欢做记录，因此冰岛的历史从拓荒之初就被完整地记录了下来，不过在拓荒之前发生了什么呢？在南部海岸的五个不同地点曾经出土过 3 世纪的罗马钱币。目前人们尚不清楚这些钱币究竟来自早期的到访者还是后来在拓荒的过程中被带到岛上的。如果你不介意几乎独身一人在冰岛度过假期的话，可以试着发掘这座岛屿在 874 年之前的历史。

如果你对民间习俗和传说感兴趣，可以研究一下“人皮裤”，这在冰岛相当于现代的招财猫。这种裤子用死人腿上的皮肤制成，据说只要穿上它，钱包就会永远是满的——这里提到的钱包是用死者的阴囊制成的。侯尔马维克的巫术博物馆里展出了一条这种裤子的仿制品。至于在民间传言与神话故事之外是否有人真的制作并穿过这种用死人做成的裤子，我们既不清楚，也难以查证。

目前人们对冰岛拓荒殖民的了解主要来自此前提到的《定居书》和《冰岛人之书》。《冰岛人之书》是冰岛历史学家阿里·索吉尔松[1]在 1120 年前后所著。阿里很可能也参与了《定居书》的书写。《冰岛人之书》的原始版本未能保存下来，现存最古老的手稿是一份 17 世纪的复制版。阿里的确切居住地不详，但是假如你在 1120 年前后（当时他应该是 40 多岁）到今天的斯塔扎斯塔泽一带

1 阿里·索吉尔松（冰岛语 Ari Þorgilsson，英语 Ari Thorgilsson，1067—1148），中世纪时冰岛最著名的编年史学家，他不仅熟悉拉丁语编年史书写传统，还十分擅长冰岛的传统口述历史。据说他后来皈依了基督教，在斯塔扎斯塔泽附近当牧师。

去打听“智者阿里”，人们肯定知道你要找的是谁。你可以为原版《冰岛人之书》拍摄照片。如果你是在 1148 年阿里去世后才前往的，你依然可以想办法挽救原版手稿，避免遗失，或者鼓励人们抄写更多的手抄本。1541 年斯考尔霍特主教府的物品清单中有一个装满了“不值钱的旧书”的柜子，这个柜子或许值得一救。

如果你是在千年之交来到冰岛或格陵兰岛，请务必尽可能多地了解一些有关文兰岛的信息，这是当时在纽芬兰岛建立的一个定居点，后来被废弃了。公元 1000 年前后，来自布拉塔利德——也就是现在格陵兰岛南端的卡西亚苏克——的莱夫 · 埃里克松[1]首次在那里登陆。考古学上除了冰岛人曾在纽芬兰待过一段时间是不争的事实，此外几乎与之相关的一切都存在争议：冰岛人究竟是什么时间到达的？除了如今的兰塞奥兹牧草地一带他们还在哪些地方活动过？他们想在那里做什么？为什么去文兰岛航行很快就过时了？

你倒不必亲临现场，因为北欧人的航行往往很危险、不舒服且旅途漫长。他们使用的船只在今天看来很小，而且船上的人、动物和物资已然超载。哪怕你只是去采访这个时代的居民，也能够显著地推动研究的进展。此外，你还有机会结识居兹丽聚尔 · 索尔比亚德纳尔多蒂尔[2]，她不仅在 1005—1013 年间至少参与过一次文兰航

1　莱夫 · 埃里克松（Leif Eriksson，约 970—约 1020），北欧探险家，约公元 1000 年时在北美建立了诺斯人聚落“文兰”（Vinland），大致位于今天加拿大纽芬兰岛的兰塞奥兹牧草地。他的父亲也是北欧著名的探险家，被称为“红胡子埃里克”，是格陵兰的开拓者。

2　居兹丽聚尔 · 索尔比亚德纳尔多蒂尔（现代冰岛语 Guðríðr Þorbjarnardóttir）别名“远行者”（víðförla），生于 980—1019 年间，卒年不详。她的第一任丈夫是莱夫 · 埃里克松的弟弟，他去世后，居兹丽聚尔与第二任丈夫率领探险队前往文兰，还在那里生下了儿子。据说她后来皈依基督教，丈夫去世后，她成为修女，晚年在修道院隐居。

行，后来还进行过一次往返罗马的朝圣之旅。有关她航行的具体细节人们知之甚少。因此，你新发现的每一件与此相关的小事都值得庆贺。

倘若你在这些方面都没有取得成就，也不必因此而丧失了度假的兴致。即便没有你来添砖加瓦，与大多数文化相比，冰岛的历史和文学作品的保存与流传已经做得很好了。

没有来电铃声打扰的音乐会

许多时间旅行者出行的动力都是为了追寻原汁原味的真实体验。“早就有了”，“过去的更好”，“现在的人已经不会好好做事了”——三十岁以上的人或多或少都有这样的想法（更多内容请参考《永久定居》一章）。针对这一点，时空穿梭机能帮上你的忙。既然当代人拥有的只是糟糕的复制品和仿制品，那么反过来说，货真价实、原汁原味的东西只有在过去才能找到。

音乐就是个很好的例子。音乐表演就像即时快照。音乐作品的演奏永远不可能完全相同、一模一样。即便后来人们能够忠实地再现某个声音，依然无法与第一次听见它的感受相提并论。保存声音的技术直到 19 世纪末才实现。托马斯 · 爱迪生发明的留声机可以播放压制在滚筒上的声音，噼里啪啦的杂音很是难听。M. 威尔特家族公司制造的第一批机械钢琴靠打在纸卷上的孔洞图案控制。自从音乐能够被储存并回放之后，人们就可以较为清晰地把自己在创作时的想法告知后人，但在那以前，能留存下来的最多只有乐谱、评论，也许还有当时碰巧在场的人的回忆。对于作曲家的本意，音乐家们可能会产生各种各样的误解。

在没有唱片的时代，各位音乐家都在想方设法与后人交流。演奏速度应该多快？声音应该多响亮？演奏时需要多么严格地遵照乐谱？演奏者可以调整音符的时值吗？调整节奏呢？允许添加颤音吗？1752年，长笛演奏家、作曲家兼腓特烈二世[1]的长笛老师约翰·约阿希姆·克万茨[2]撰写了一部内容全面的指南，解释了应该如何演奏当时的音乐。针对节奏的问题，他借助每个人胸腔里都有的天然节拍器来说明："如果这是个幽默开朗，但同时脾气又有些火暴急躁的人，或者如果可以这样说的话——一个胆汁质气质的人，以其在午饭后到晚上的脉搏跳动为基准，这样人们就能找到正确的节奏。若以每分钟跳动约80次的脉搏为准绳，脉搏跳动80次，就能构成40个四四拍小节的最快速度。"至于自己的心跳有多快，人们可以事先依照教堂的时钟检查。克万茨也知道这样的指示精确度并不高。"脉搏稍微多跳几下，少跳几下，在这里没多大影响。"长笛大师如是说。要想完全理解克万茨的意思，你必须亲自查一查什么是18世纪中期的胆汁质气质。

仅仅过了几十年，精密机械工程学就为焦头烂额的作曲家们提供了解决方案：1815年，工程师兼发明家约翰·尼波穆克·梅尔泽尔申请了节拍器的专利。这个仪器能够精确地显示出音乐作品的

1　腓特烈二世，史称腓特烈大帝（Friedrich der Große，1712—1786），普鲁士国王和勃兰登堡选侯，军事家、政治家、作家及作曲家。

2　约翰·约阿希姆·克万茨（Johann Joachim Quantz，1697—1773），巴洛克后期的德国作曲家、长笛演奏家、长笛制作者、音乐理论家，长期受雇于腓特烈大帝的宫廷，创作了200多部奏鸣曲和近300部协奏曲。

节拍，以协助音乐家精准地保持特定的节奏。从技术上来说，机械式节拍器是个来回摆动的钟摆，在弹簧的帮助下维持运动。为了防止摆臂由于摩擦力而变得越来越慢，使用者需要不时地给弹簧上发条，就像老式钟表那样。节拍器摆动的频率来自单摆运动的周期公式，这是通过摆臂的长度、摆块的质量和地球的重力加速度计算出来的。把节拍器摆臂上的重块向上或向下推就可以加快或者减慢摆臂的运动速度，从而改变乐曲的节奏。人们在作曲时可以用节拍器准确地测量乐曲的演奏速度。这个信息将以一个数字的形式留给后人。

尽管德里希·尼古拉斯·温克尔[1]在梅尔泽尔之前发明了节拍器，但是梅尔泽尔才是那个因为节拍器而出名的人。他还发明了其他装置，与单调乏味、咔哒作响的摆臂节拍器相比，这些装置要有意思得多。然而这些伟大的设备今天已不再为人所知：八音盒、留声机、发条小号手，以及各种带发条的马戏团设备，比如走钢丝的小人和魔术师。此外还有广受观众喜爱的动画立体透视片，展示的是 1812 年拿破仑攻入莫斯科之后不久发生的大火，城里四分之三的房屋都被大火烧毁。梅尔泽尔辉煌的作品鲜为人知，流传下来的发明并不多。我们强烈推荐你参加当时的公开展映会。在梅尔泽尔于 1838 年去世前的最后十二年里，在美国东海岸的费城最容易找到他的发明，他在那里度过了人生的最后时光。

---

1 德里希·尼古拉斯·温克尔（Dietrich Nikolaus Winkel，1777—1826），生于德国，在青年时代移居阿姆斯特丹。除了节拍器以外，他最著名的发明还有“自动作曲机”（Componium）。

说回节拍器。梅尔泽尔去美国之前结识了路德维希·范·贝多芬，并为他制作了助听器——喇叭式助听筒。后来贝多芬成了节拍器的忠实拥趸，并用节拍器留下了关于自己音乐作品演奏速度的指示，其中包括九部交响曲以及多部弦乐四重奏。贝多芬很重视节奏，而节拍器恰好能够把他的想法明确地传达给音乐家们。对节奏的说明模糊不清的时代总算结束了。

节拍器的摆锤看上去似乎很是客观公正，然而它并不能消除全部的误解。首先，演奏音乐的人使用的节拍器的节奏必须与——就拿刚刚提到的例子来说——贝多芬采用的节拍器节奏相同。这意味着两个节拍器必须具有相同的结构、相同的摆锤质量，并以正确的方式上好发条。贝多芬的节拍器如今依然存在，但是摆锤已经遗失，于是我们无法验证它打拍子的速度。此外，你还必须与贝多芬身处同一个天体。月球与空间站里的重力加速度截然不同，节拍器的数字因此也会完全失效。如果你打算对比地球音乐与外星音乐的节奏，这条提示就格外有用。

两百年来，人们对于贝多芬采用的节拍争议不断。他的标记似乎太快了，快到几乎无法演奏，或者至少让人难以好好欣赏这些作品。与贝多芬同时代的留下节拍标记的音乐作品也是如此。因此在很长一段时间内人们完全无视经典作品的节拍。为了便于接受，人们把这些作品演奏得更慢，理由是："他不可能是那个意思！"至于作曲家的本意究竟如何，你可以亲自去寻找答案。前往 19 世纪初的维也纳参加一场贝多芬的音乐会，比如 1824 年 5 月 7 日在克恩顿剧院举行的《第九交响曲》首演，当时距离贝多芬去世还有三年。请你留意每个乐章分别持续了多长时间。现在的交响乐团通常会在 15 分钟内演奏完毕第一乐章“不太快的快板”，终曲则在大约 25 分钟内演奏完毕。也许原版的速度明显更快，你可以早点儿回家。

20 世纪的人们为贝多芬不合常理的节拍想出了许多解释。节拍器的摆锤每往返摆动一次会发出两声“咔哒”，即在摆幅的两端各响一次。与其按照咔哒声计数，不如以摆臂往返一次来计数。也许贝多芬写下“80”的时候他的本意并不是“80”，而是只有一半？抑或是如有些人所说，贝多芬的节拍器其实是坏的。还有人解释说贝多芬写下的节拍是在开玩笑。当时的音乐家自然立刻就能明白这一点，只是我们太笨了而已。

由于演奏音乐时必须知道正确的节奏，数百年来专业人士对此已经达成了共识。他们凭借的是一种特有的识别力，没有节拍器，没有跳动的脉搏，也没有手持式凿岩机的帮助。这种识别力同样适用于对音量或其他风格特征的掌控。这种对正确演奏方式的识别力并不是有魔力的血清，天生就流淌在艺术家的血管里，而是通过多年的聆听和演奏训练出来的。对于巴洛克时代的音乐家来说，“很快的快板”的指令再明确不过了。不仅如此，他们不需要附加大量的说明就知道应该如何演奏他们那个时代的乐曲。他们把乐谱摆在面前就可以开始演奏了。相反，当时的音乐家可能完全不清楚如何演奏——比方说——披头士乐队的《回归》。（不过要是能让他们试试看，肯定会很有趣。找来乐谱，把它摆在一支思想开放的 17 世纪室内乐团面前——这将是披头士乐队作品首次正宗的巴洛克风格演绎。)

怎样才能获得与 17、18 世纪的人们相同的体验呢？一定要用烛光照明、喷上香水、戴上落满灰尘的假发、坐在硬邦邦的椅子上演奏完全不含塑料成分的乐器吗？人们必须要将现代生活教会自己的一切——日程表、无处不在的时钟、高速公路、永不间断的新闻——彻底忘却吗？几百年来迥然不同的音乐风格是否影响了人们对音乐的感知力？如果泰勒曼[1]的作品大致等同于我们今天所说的流行音乐，而不是某种古老而值得敬畏的东西，那他的音乐听起来又该是什么样的呢？

假如一个人对物质的构成、对宇宙的浩瀚一无所知；假如一个人从没使用过微波炉甚至认为基督教新教是在亵渎神灵，那么他会如何感知世界？我们的认知具有多少普适性、又有多少是永恒成立的？我们是自己生活的时代的产物，无论如何，大多数人身上都带有我们生活其中的时代的节奏、偏好和事件留下的印记。现代世界是个无情的独裁者，抵御它需要巨大的能量。如果你想听见原汁原味的音乐，就必须脱离自己生活的时代，深入过去。

欣赏正宗巴洛克音乐的一个好机会是在教堂做礼拜时。免费入场，人人都可以参加，而且你很容易就能混迹于人群中。约翰·塞

---

1 格奥尔格·菲利普·泰勒曼（Georg Philipp Telemann，1681—1767），德国巴洛克时期作曲家，多种器乐演奏家，其作品不仅融合了法国、意大利和德国的民族风格，甚至也受到波兰流行音乐的影响。他的音乐是晚期巴洛克风格和早期古典风格之间的重要纽带，他本人则是当时德国最著名、最受欢迎的作曲家之一。

巴斯蒂安·巴赫为教堂礼拜创作了数百首康塔塔清唱套曲，其中大部分是他自1723年起在莱比锡担任圣托马斯音乐总监[1]时期创作的。这个职位的工作内容之一就是在每个星期天和节假日指挥合唱表演。因此你可以去莱比锡的圣托马斯教堂，记得不要引起旁人的注意。

随着岁月流逝，数百首康塔塔曲目已经遗失。因此不要抱太大的希望能在礼拜中听到自己现在所熟悉的曲目。你也没办法在互联网上查询现场正在演唱的是哪首曲目。康塔塔是一种带有器乐组伴奏的复调声乐作品，至于巴赫时代的康塔塔究竟是由小型合唱团表演还是由独唱演员表演的，目前依然存在争议，管弦乐队确切的乐器配置也有争议。请你记录下这些细节，回来后将笔记转交给相关的专业人士。

除了康塔塔以外，巴赫很可能为圣托马斯教堂创作过五首篇幅宏大的受难曲。其中只有两首被完整地保存了下来，其他的只有回到过去才能听到。受难曲是以耶稣受难为题材而创作的乐曲，通常在复活节前后演出。在1727年4月11日，你可以听到著名的《马太受难曲》的首次演奏。

几乎可以肯定的一点是，就算你对演奏的曲目已经烂熟于心，这些历史上的表演依然会出乎你的意料。这些曲目听起来全然不像你在21世纪的数字化唱片中听见的那样。演奏方式也许截然不同，

1 圣托马斯音乐总监（Thomaskantor）是圣托马斯少年合唱团的音乐总监，负责莱比锡的四座路德教会教堂——圣托马斯教堂、圣尼古拉教堂、圣马太教堂和圣彼得教堂的音乐指导工作。

又或者是人们对于历史上的音乐演奏方式进行的推测都是错误的。这种乐声对当代的听众来说肯定十分陌生，然而对过去的人们来说则是很正常的。当时既没有麦克风也没有扩音器，乐团可能很少进行排练——如果每个星期都有全新的康塔塔曲目出现在谱架上，自然也就没有时间排练了。手写的乐谱上有很多笔误。乐曲的细微改动与润色也没有经过精心演练，都是临时想出来的。而且时间旅行者还带着自己在现代形成的偏见和聆听习惯。你不可能像巴洛克时代的人那样欣赏这些乐曲，即使在那里生活了几年也很难做到。对于真实性的求索并不意味着一定会获得周末的消遣之乐。

如果你注重旅行体验的真实性，即便没有巴赫的康塔塔套曲，圣托马斯教堂也值得一看。马丁·路德曾于1539年的五旬节[1]在这里布道。1721年建造的巴洛克式祭坛于1943年被炸毁，详细的图像资料很少。巴赫时代的风琴也全部被陆续替换了，没人确切地知道以前的风琴听起来是什么样的。不过教堂的钟还是原来那些，如果你在现代听过这些钟的声音，就更容易找到过去的教堂。此外圣托马斯教堂的位置与今天一样，都在莱比锡市中心——只不过当时那一带的巴赫纪念碑要比现在少得多。

通过模仿而非书写记录的方式传承音乐，为音乐爱好者们的研习之旅提供了全新的机会。我们对代代相传的实用音乐[2]了解太少，

---

1 圣灵降临日（Pfingsten），俗称为五旬节，基督教将这个节日的日期定在复活节后第50天。

2 实用音乐（Gebrauchsmusik），也叫做“功能性音乐”，是一个源自德国的音乐术语，指以音乐的实际使用为目的而创作的音乐，包括舞台音乐、政治音乐、宗教音乐、仪式音乐等等。

对历史上大多数时期普通人在日常生活中聆听的音乐也几乎一无所知。在这些旅行中，时间旅行者有机会发现全新的音乐风格、乐器和音色。到几百年前的某个时代去旅行，任何时候都可以，听一听集市上、篝火旁、旅馆里或庆典活动上的音乐。你或许会有额外的收获：录制几首乐曲，给乐器拍拍照。还可能会有更棒的收获：亲自学习演奏仅存在于过去文化中、如今早已被人们遗忘的乐器。

踏上陌生的小径

✦

我们当中的大多数人在学校学到的历史，只是真实历史中很小的一部分。凡是在德国参加过高中毕业考试的人，对古埃及、古希腊作品、古罗马帝国以及美索不达米亚的早期先进文明都会有大致的了解。所有这些文明加起来的时间约有 3500 年，这样长的时间里发生的各种事情却往往不为人所知。你或许听说过有关阿兹特克[1]、中国的历代王朝或者伊斯兰教哈里发国的故事（更多相关内容请参考《难忘的周末》一章）。

历史上曾经存在其他数十种文明，而我们当中的大多数对此几乎一无所知。与希腊文化和罗马文化相比，这些陌生的文明并非更愚昧或更落后。我们之所以了解前者而不了解后者，其原因多少有些偶然。学校的课程既然涵盖了古罗马，那么也大可以涵盖——比方说麦罗埃，它是库施王国的首都，位于今天的苏丹境内。按照我

---

1 阿兹特克（Aztecs），14 至 16 世纪存在于墨西哥的古代文明，主要分布在墨西哥中部和南部，因阿兹特克人而得名。阿兹特克人自 1160 年始由北部的阿兹特兰（“鹭之地”）经过两个世纪的漂泊生活后，定居于墨西哥谷地，由游猎转为务农。1325 年建立特诺奇蒂特兰城（今墨西哥城），以勤劳和英勇善战著称。14 至 15 世纪征服邻族，后疆域不断扩展，盛极一时，号称“阿兹特克帝国”。1521 年，西班牙殖民者占领特诺奇蒂特兰，阿兹特克帝国的统治结束。

们使用的公元纪年法，这个富饶的国度曾在公元前一世纪和公元一世纪多次对罗马发动战争。像麦罗埃这样的陌生文明为时间旅行者提供了绝佳的机会，让我们可以沉浸在一个迥然不同的世界里。这些世界中有你从未了解过的社会状况、风俗习惯和发明创造。在这些地方和时代，你能够直接了解到哪些体验是人类所共有的，哪些体验又是由独特的文化造就的。

有句忠告值得一提：你当然有充足的理由不去访问那些对你和如今在世的大多数人来说彻底陌生的国度。这些地方的旅行项目更稀少、更昂贵、翻译更难找，而且许多旅行社都会要求你购买额外的保险。如果你在遥远的过去发生了意外，比如不小心吃了现代人的肠胃无福消受的甜点，或者被如今已经灭绝的动物咬伤，抑或是被砍掉了脑袋，救援工作将会变得极其复杂（关于这一点，在“关于时间旅行的实用建议”部分有更多的介绍）。

一千年的历史能够留下的东西之少，这一点颇为出人意料，有时残存的只有几座雕塑、几段墙基或者一副古老的牙齿。文字记录往往不存在，即使有也常常无法辨认。以青铜时代印度河流域文明为例，这是世界上最古老的文明之一，在今天的巴基斯坦境内，早在四千年前那里就已经出现了拥有数万名居民的城市，城市里设有排水系统和水库，手工业高度发达，男女享有平等的权利。值得注意的是，上面这句话中几乎所有的陈述都不是完全确定的。我们甚至不能百分之百确定印度河流域的文字是否可以算是真正的文字，还是应该被界定为一种图像。鉴于这样的前提，给时间旅行提建议是很困难的。在许多情况下，我们根本不知道前面等待着自己的究竟是什么。如果你不喜欢惊喜，那么这一章可能不适合你，还是选择那些已经被研究透彻的文化比较稳妥。

与其他时间旅行目的地不同，在这一章所建议的旅行中你不应该寄希望于隐没在人群之中而不引人注意。不过这条通用的原则往往十分可靠：有能力建造城市、组织并安置数十万人的民族通常已经在某种程度上形成了“他者”的概念，也就是说能够辨识长相、语言和行为与自己不同的人。贸易与战争是文明史上不可避免的常见因素，也都在文明史上发挥了重要的作用。两者都有助于获取更多的原材料、新的知识以及确保自身文明的繁荣。两者都是与其他文明互动的形式。当地人知道应该如何与外来者打交道，因此可能不会表现得过分惊讶。他们大概不会把你当场宰掉送上祭坛，但也同样不太可能给你跪下。

玛雅人的城市便是一例，早在欧洲人到达之前的几百年里它们就曾得益于长途跋涉穿越美洲的商人。当时的印加帝国在今天的秘鲁境内拥有贸易通途和道路，沿南美洲西海岸绵延数千公里。西非的贝宁王国的文明更是高度发达，从 15 世纪开始便与欧洲保持着贸易往来，其中一部分贸易活动是用来自非洲中部的奴隶交换武器，因此当地人对白人很熟悉。直到 1879 年这个王国才被英国人攻占、掠夺并摧毁。在这些地区你大可以相信一件事，那就是时间旅行者会被当作正常人对待，即使你不懂当地的语言，依然有可能做到食宿无忧。

顺便说一句，你要做好心理准备，你的东道主的模样或许会很奇怪，而且不只是“有点奇怪”而已。这些地方的许多人对如今所谓的“人体艺术”情有独钟，也就是将自己的身体进行艺术改造。在皮肤中镶嵌珠宝便是其中一项，但改造远远不止于此，玛雅人认为扁头、尖牙、鹰钩鼻和轻微的斜视很有魅力。因此他们会投入大量精力对相应的身体部位进行改造，采取的手段放在今天肯定会被认定为是残害身体。你或许无法目睹改造的过程，但你肯定能见到改造的结果。做好心理准备迎接奇怪的景象吧。考虑到你的外表与众不同，你也应该做好心理准备，在旅途中保持外来者的身份，而不要抱有不切实际的期待。

对于与欧洲人有过接触的民族，你或许可以通过他们过去的反应来了解他们如何应对外国游客。不过这仅仅是一种可能而已——我们了解的记录大多来自欧洲征服者的角度，而他们抵达这些陌生海岸时不仅带着深深的偏见，还带着枪炮，因此这些记录也会非常主观。如果双方产生了摩擦，这并不意味着当地人乐于争吵、杀人成性。如果事态发展很平和，你也不该想当然地认为当地向来如此。通常来说，在为旅行做准备时不应该以征服者的叙述为准，尽管这些叙述往往是仅有的资料来源——其原因正在于征服者的胜利过于彻底。

这里有一个颇具启发性的例子：1511 年，一艘西班牙船只在尤卡坦的海岸落了难，尤卡坦是座半岛，形状像一根指向墨西哥湾的大拇指。当时生活在尤卡坦的是玛雅人。双方的第一次接触不是很愉快。多名西班牙人成了宗教仪式的牺牲品，其余的人则沦为奴隶。至于首次会晤为什么如此不友好，以及在那以前双方是否有敌对行动，我们不得而知。不过八年以后，当埃尔南·科尔特斯[1]开始尝试征服这个国家时，1511 年登陆的人当中有两人依然在世，分别是贡萨洛·格雷罗和赫罗尼莫·德·阿吉拉尔。据我们所知，这两个人当时的生活状况都不错。阿吉拉尔依然忠于自己的信仰和文化，拒绝归顺当地的文化，也不愿娶玛雅人为妻。他最后离开了那里，成为科尔特斯的翻译。

相比之下格雷罗则更好地融入了当地。他学会了玛雅语，并在不久以后当上了切图马尔市的军事首领，这个港口城市位于今天的伯利兹一带，有几千居民。格雷罗娶了一名当地女子，组建了家庭，身上文了玛雅式文身，留起了长发。与当代欧洲国家不同的是，文身和长发在玛雅人眼中是获得社会认可的标志。格雷罗拒绝了西班牙人的“解救”，终生与玛雅人生活在一起，最后在与同胞的征战中死去。因此只要你有志于此，你完全可以在陌生的文化中定居并创造一番事业——不过有时候你要花上几年的时间才能被当地人接受。从本质上讲，现代社会的情况也是如此。

如果你对刚才提到的把人送上祭坛的事有顾虑的话，杀人在古代南美洲和中美洲的祭礼上确实很普遍。以阿兹特克人为例，他们经常进行人祭，并且乐在其中。他们尤其喜欢在祭礼上斩首，不仅

---

1 埃尔南·科尔特斯（Hernán Cortés，1485—1547），是殖民时代活跃在中南美洲的西班牙殖民者，以摧毁阿兹特克古文明并在墨西哥建立西班牙殖民地而闻名。

如此，心脏和其他内脏也要取出来。不要让这些事败坏你旅行的兴致。也许还是避开阿兹特克人比较好。在玛雅人那里可能更安全。玛雅人的人祭通常是作为宗教仪式的一部分，在战争时期即是如此。受到人祭影响的主要是精英统治阶层。战斗结束后，敌军最高级别的军官要被牺牲，国王更佳。对于游客来说，只要你不去舞刀弄剑，这就不关你的事。关于时空旅行安全问题的总体建议：不要把自己当作神灵，但也不要表现得像个彻头彻尾的傻瓜。

各种陌生文明中，欧洲人抵达时尚且存在的文明对今天的我们而言相对没有那么陌生。这一方面是因为有关当地情况的书面记录是用今天的人们尚能看懂的语言写成的——不过正如此前所说，这些记录的可信度是有限的。另一方面则是因为这些文明的遗迹没有被彻底摧毁、瓦解，被杂草覆盖。这在拉丁美洲指的是印加文明、阿兹特克文明和玛雅文明，这三种高度发达的文明都拥有自己的技术、知识、艺术、城市中心、专业的职业划分和复杂的习俗。在西班牙征服者抵达前不久，阿兹特克帝国实现了其有史以来最大的统治疆域。它的首都特诺奇蒂特兰位于今天的墨西哥城，那里生活着几十万居民。在欧洲人到达以前，安第斯山脉的大部分地区都由印加人统治。他们庞大的王国与阿兹特克人的国家一样，都在 16 世纪从地图上消失了。城市被摧毁，居民被屠灭。至于玛雅文明，与其说它是统一的王国，不如说它更像是松散的城邦集合体，当地人居住在今天的墨西哥南部以及与之相邻的国家，比如危地马拉和伯利兹。早在欧洲人抵达以前，玛雅文明已经出现了一些问题，这是由干旱、疾病以及与邻国的战争造成的。

你最好是去参观这些文明的众多民间节庆活动。就拿玛雅人来说，他们特别喜欢举办节庆活动，各种节日遍及全年。各行各业都会举办自己的聚会，比如男性渔民、医生、猎人或者养蜂人，如果你事先与这些行业的从业者交上朋友，当然也可以参加。至于女性渔民、医生、猎人和养蜂人是否也有类似的庆祝活动，我们并不清楚，因为这方面的资料很少。许多节日的重要组成部分都包括特定的禁食期和肆意享用的盛宴。玛雅人发明了巧克力——或者至少是类似巧克力的东西：他们把可可豆制成的糊状物跟水、玉米和气味强烈的香料混合在一起，做成一种带泡沫的苦味饮料，西班牙人对这种饮料大为惊奇。玛雅人的聚会结束时常常喝得一个能站住的人都没有。

深秋时节，人们会举办庆祝活动纪念传说中的英雄库库尔坎[1]，他是玛雅文明后期的一个重要形象。库库尔坎在奇琴伊察[2]占据着重要地位（那里的纪念性建筑如今是最著名的玛雅文化景点之一），后来又建立了类似于首都的玛雅潘。人们把库库尔坎当作神明来崇拜，或者更准确地说是当作一条有羽毛的蛇来崇拜，后来不知是什么时候它消失了，也许是消失在了天空之中。有关库库尔坎的传说

---

1 库库尔坎（Kukulkan）是玛雅神话中羽蛇神的名字，尽管16世纪的玛雅文献曾提到10世纪的奇琴伊察曾有一位叫这个名字的统治者或祭师，但在早期的奇琴伊察文献中他从未以人类的形象出现过。

2 奇琴伊察（Chichén Itzá，意为“在伊察的水井口”）位于尤卡坦半岛北部，其遗址为世界新七大奇迹之一。大约公元600—1200年的时间里，奇琴伊察是玛雅文明的重要城邦。1221年的起义和内战导致了奇琴伊察的衰落，玛雅政治架构的中心也转移到了玛雅潘。

至今仍然充满神秘的色彩，但这仅仅是因为欧洲人抹去了当地人的记忆。对于玛雅人来说库库尔坎并不是什么神秘的事物，相信你不久就会发现它是一种品格、是人和神的结合体、是一个散发着光芒的形象。

纪念库库尔坎的节日叫作“奇克卡班”，庆典上有规模庞大的游行队伍，人们在节日期间祈祷、献祭、盛装打扮。如果你想参加这些活动，最好是去库库尔坎建立的城市玛雅潘，或者在 1441 年玛雅潘没落之后（这次不怪欧洲人）去以西 20 公里处的马尼。遗憾的是我们无法准确地告诉你节庆活动会在哪一天、在哪个具体场所举办，也不清楚这些活动在一天当中的什么时间开始，因为玛雅历法——或者说我们所了解到的玛雅历法——有多种不同的解读方式。最好的办法就是亲自去现场看看。当然了，我们了解的只是那些在欧洲人登陆前不久依然还在举办的节庆活动。你很有可能意外地遇见现代人从未听说过的活动，纪念的则是我们完全不了解的半神。

如果你旅行的时代有诸多不确定因素令你感到气馁，或许你可以帮忙查证其中一些不确定因素。请你尽量详细地记录自己的旅行见闻。你可以做笔记，也可以尝试挽救重要的文件免于损毁。西班牙牧师迭戈 · 德 · 兰达[1]的笔记就能让我们了解到许多有关玛雅文

1　迭戈 · 德 · 兰达（Diego de Landa，1524—1579），西班牙方济会传教士，于 1549 年到尤卡坦地区传教。他既是一名狂热的基督徒，毫不留情地摧毁玛雅人的手稿、文学作品和传统文化，又是西方世界研究玛雅文明的第一人。请参考《推荐给时间旅行者的阅读书目》一章。

化的信息，然而他主要致力于摧毁这种文化。他最看不惯的玛雅习俗是崇拜那些在他看来是错误的神灵，以及经常与不同的伴侣发生性关系。玛雅文明留下的最宝贵的记录是玛雅手抄本，只有 4 份手抄本得以幸存至今。1562 年夏天，德 · 兰达派人在前文提到的城市马尼销毁了至少 27 份手抄本。如果你能及时赶到那里并设法偷出手抄本，把它们藏起来——比如藏在一座干燥的山洞里——就能为你所在的时间线上未来的考古工作做出巨大贡献。更棒的做法是将手抄本的每一页拍照，并把照片带回来。或者你也可以尝试说服玛雅学者将他们的书籍转写成拉丁语系的文字，然后将这个转写版本拍照。

谈到陌生的文化，玛雅文明已经算是相对保守的选项了。如果你想探寻完全未经开发的地区，建议你到今天的玻利维亚西部去，在的的喀喀湖附近有个如今被称为蒂亚瓦纳科[1]的地方。我们不清楚它当时叫什么名字——这要靠你亲自去打听。按照我们采用的历法，蒂亚瓦纳科在公元第一个千年里一直存在。去那里旅行的最佳时间是公元 800 年前后的巅峰时期。你会发现自己又来到了一座大都市，城里有数以万计的居民和高大的建筑，这些建筑物的用途需要你亲自去研究。这座大都市是一个王国的中心，这个国家的疆域也许是从的的喀喀湖东部的高原延伸到西部的太平洋海岸。在这里你很可能会遇见商人，来自亚马孙雨林或非洲北部海岸等偏远地区

1　蒂亚瓦纳科（Tiwanaku），又名“蒂亚瓦纳科帝国”，是位于玻利维亚西部，盘踞于的的喀喀湖南端的一个前哥伦布时期政体，从公元 600 年延续至 1000 年。蒂亚瓦纳科文化是安第斯文明中最重要的文明，其影响范围曾达到今日的秘鲁和智利。

的朝圣者和游客。你或许会发现自己置身于一个拥有多元文化的国际大都市。而你这个时间旅行者也许并不会引人注意。

如果你事先了解一下现代的艾马拉语、克丘亚语或马普切语，有可能会在当地听到一些耳熟的词语。作为出行准备，你可以学几句有关太阳神（很伟大）或羊驼肉（很好吃）的短语。总体来说当地的食物可能出乎意料地好吃，而且十分现代——藜麦、新鲜的鳟鱼、奇异香料做成的萨尔萨酱、在当时还未成为主流食物的土豆以及从附近的盐湖里刮来的盐。饭后你可以嚼几片古柯叶来帮助消化。这很可能会是一次奢华而独特的旅行经历。

不过，这并不意味着此次旅行万无一失。要到蒂亚瓦纳科去，你必须做好面对各种情况的心理准备。那里也许会很无聊。没有街头庆典，没有富有异域风情的集市，没有来自其他国家的游客，当地人还总盯着你看。食物的味道也可能很糟糕，因为当地人往往恰好使用那些我们的味蕾接受不了的香料。也许你能吃的只有丘纽，一种能够长期保存的土豆干，吃之前必须先用水泡发。也许当地的语言与如今的语言毫无相似之处，根本听不懂。还有一种可能就是当地人虽然形成了“他者”的概念，但与这种概念相关的行为是宗教仪式上的牺牲。这种可能性固然不大，但是也不能完全排除。

不过有一点可以肯定：的的喀喀湖是南美洲最大的淡水湖，海拔 3800 米，早在 1200 年前就是如此。这个海拔高度的空气非常稀薄，如果没有做好准备，你到达时将会喘不上气。我们建议你提前花几天时间适应高海拔的空气，比如去马丘比丘[1]进行一场短途旅行，那里的海拔是 2400 米——就地理位置而言它就在隔壁的秘鲁山区，然而从时间上来看却比（据推测）访问蒂亚瓦纳科的最佳时间晚了 700 年。

说到马丘比丘，不得不说一句：有些古代遗址如今已经成了著名的旅游景点，比如秘鲁的马丘比丘和尤卡坦的奇琴伊察，这些景点最好是不用时空穿梭机，而是现在去参观，因为这些文明后期建成的纪念碑碰巧也是保存最完好的景点。西班牙殖民者从未发现马丘比丘，它是在很久以后，在 19 世纪末 20 世纪初的某个时间才被人发现的。如今这些地方虽然已经被废弃，但这些遗址都保存完好、经过修复，相关记载也很完善。作为时间旅行者，你自然不必受这种巧合的约束，但是你可以在现代采取相对便捷的方式、花较少的钱去那里游览，并获得有关各种当地情况的详细介绍。这样你还可以避免感染天花——一种被西班牙人无意间传播到美洲的疾病，在消灭当地人的过程中帮了西班牙人的大忙（请参考“关于时间旅行的实用建议”部分）。

在今天去经历了殖民时代的地方参观不过是在水面浮潜。而时间旅行者则享有独一无二的机会潜入历史深处，参观千年来无人饱览的盛世之城。比如位于现在的危地马拉的米拉多尔[2]——这座城

1 马丘比丘（Machu Picchu）是一座建于 1450 年左右的印加帝国城市遗迹，位于今天的秘鲁南部，于 1983 年被联合国教科文组织定为世界遗产，2007 年被评选为世界新七大奇迹之一。

2 米拉多尔（El Mirador）是一个玛雅人聚居地，位于今天的危地马拉北部的佩滕省。从大约公元前 6 世纪到公元 1 世纪蓬勃发展，公元前 3 世纪达到鼎盛时期，在 9 世纪末被废弃。

市处于一个高度发达的国家的中心地带，城里有数十万居民，有红色石头砌成的雄伟的金字塔和宽阔的街道。从附近的沼泽运来的肥沃泥浆滋养了人工修建的梯田，使这个国家的农业生产得以自足。如今米拉多尔已经消失在丛林之中，然而两千年前，你可以在那里见证人类历史上的一座文化巅峰。

还有一个旅行推荐是纳斯卡巨画——在秘鲁南部的地面上雕凿出的巨型图形，大约是在公元前 500 年至公元 500 年的这一千年中形成。这个景点也更适合在今天游览，而不是在过去前往。从空中欣赏这些巨画的效果最好。而要想从高空俯瞰这些巨画，在今天要比过去容易得多。

穿越狂野的更新世

✦

如今，真正的荒野早已不存在。即便是在现代被我们称之为“荒野”的地区，也大多是古老的人文景观，只是由于驱逐或者饥荒之类不幸的历史环境而消失了人迹。如果你想在真正的大自然中探险，不用每走一步都会想到曾经或当今的人类，那么你应该到过去看一看。更新世[1]可谓是最受户外运动爱好者青睐的目的地，它丰富多变，是距今最近的一个冰期。更新世的景观保证尚未被人类开发，肯定能为你提供独一无二的自然体验。

你会有怎样的体验

在更新世，你将体验到我们这个星球的气候发展过程中最有趣的时期之一。在此期间，地球的景观不断发生变化。这个时期始

1　更新世（Pleistocene）在通俗说法中也叫“冰河时代”，时间为距今 2588000 年前至 11700 年前，为地质时代中新生代第四纪的早期。当今的地球仍处在第四纪大冰期的一次间冰期中，且尚无迹象表明地球正在走出这次大冰期。

于 260 万年前的极地海洋结冰时期，结束于大约 1.2 万年前——至今最后一个寒冷期之后的变暖时期。在这期间地球经历了一系列冰期，冰川膨胀，蔓延到各个遥远的大陆，然后再次消融。在地球历史的最近 100 万年里，每隔大约 10 万年就会出现一个冰期。在冰期，气候会更冷（当然如此），海平面也低得多，因为水变成了冰。而在冰期与冰期之间的间冰期你会体验到更温暖的气候，与今天的气候很相似。冰川则给地球景观留下了显著的痕迹：幽深的山谷、新出现的山岭、移位的岩石。

不要把冰期想象成一场足球比赛，裁判一吹哨比赛就结束了。冰川固然会消失，但这个过程要经过数千年时间，还会不时停滞几百年不再融化。气候变化的过程并不是持续地由冷变暖，再由暖变冷。有时气候会迅速变暖或者变冷，然后再次停滞。最后一个冰期的结束始于大约 1.8 万年前，气候逐渐变得温暖。但是过了 5000 多年，如今的欧洲中部地区才基本不再被冰雪覆盖。

更新世的动物群基本上由我们今天所了解的物种组成，其中还包括一些自那以后已经灭绝的迷人的大型哺乳动物。在欧洲你可以见到大角鹿、巨河狸、剑齿虎、穴狮、穴豹、披毛犀、森林大象、原牛和猛犸象。如今少见的物种，比如熊、狼、欧洲野牛、美洲野牛和驼鹿遍地都是。植物群和动物群伴随着冰川而变化。在冰期，生命的迹象会隐匿，到了间冰期则重新开始繁衍。在冰期，地球上的景观要么被冰雪覆盖，要么就像光秃秃的草原。在间冰期，森林会重新开始生长。假如你打算徒步旅行——你大概也没有别的选择，那时还没有交通工具——稀疏的植被有个很大的好处：你的视野会更开阔。

在更新世初期，所谓的“人类”首次在欧洲出现。到这个时代结束时，智人（亦称为现代人）这一亚种已经遍及每个大陆。与其他哺乳动物不同的是，这个物种用两条腿行走，体表几乎没有毛发，因此他们也很容易被识别。人类在山野间漫游，猎捕动物，采集果实。定居的生活方式还没有发明出来。更新世末期，整个地球上最多只有几百万人口，因此你不必担心在度假时拍摄的照片中有本地的路人误入画面。假如你不想与石器时代的人打交道，那么就请避开山洞以及视野开阔、能看到周围平原的地方。你也许喜欢在这些地方看风景，石器时代的人则会利用这些位置来搜寻驯鹿的踪迹。你若是在最后几个冰期之间的间冰期内发现了成堆的大象骨架（或者任何体形巨大的骸骨），附近很可能有尼安德特人出没。

实用建议

更新世为各种户外活动提供了理想的条件。如果你对冰雪感兴趣，可以选择在冰期前往。其中最后一次冰期，也就是魏克塞尔-维尔姆冰期大约在 2 万年前达到高峰。当时的大不列颠岛、斯堪的纳维亚半岛、德国北部、阿尔卑斯山区，包括今天的慕尼黑、伯尔尼和维也纳等地都被几百米厚的冰层所覆盖。天气很冷，平均气温比现在要低 10℃。在购买睡袋时一定要考虑这个因素——如今所谓的三季适用睡袋放在冰河时期最多只能在盛夏使用。

如果你对动植物感兴趣，或者喜欢在没有冰雪的地方畅游，你最好在间冰期出行，例如 12.6 万年至 11.5 万年前的里斯－玉木间冰期，这是我们目前所处的间冰期前的最后一个间冰期。在这段时间，欧洲中部的气候条件很稳定，体感与今天没什么不同。只需用你上次去瑞典或者奥地利徒步旅行时的出行装备就可以。请你避开这段间冰期的前几个世纪，在这段时间冰川融化后会形成湍急的溪流和巨大的湖泊。此外里斯－玉木间冰期的最后 500 年可能会极其干燥，森林火灾和沙尘暴时有发生。反过来说，在这个阶段出行，你大可以放心地把雨具留在家里。

如果需要粗略地定位，你可以直接使用现代的地图。采用细节较少的地图比较好，因为图上的细节反正也不再是正确的了。海岸线的形状在很大程度上取决于海平面的高度，而这又取决于陆地上是否有冰川。在冰期会出现的山谷和山丘此时可能尚不存在。有时河流还会流向与现在完全不同的方向。当然了，冰川在现代地图上也无迹可循。不过至少各个大洲都在你所熟悉的地方。斯堪的纳维亚半岛、伊比利亚半岛已经存在，跟今天一样，甚至不列颠群岛也已经存在，只不过在当时，这些岛屿还是与大陆连为一体的。

不要太依赖你的指南针。在地球的历史进程中磁场不时会发生逆转，在这个过程中磁极也会颠倒。上一次出现这样的地磁逆转事件是在 78.6 万年前，这次逆转被称为布容尼斯 – 松山反转[1]。如果你在更新世穿越到布容尼斯 – 松山反转发生前的时期，你的指南针将不会像往常一样指向北方，而是指向南方，至少在大部分时间是这样的——大约在 100 万年前可能会短暂地出现截然不同的情况。磁极逆转需要几千年的时间，但它也可能发生得更快。在此期间地球磁极位于其他地方，并且存在两个以上的磁极。简单来说，这意味着你的指南针大可以放在背包里，不必拿出来了。

星星则更加可靠，不过即使有星星做参考，我们依然建议你谨慎行事。黄赤交角的轴线以 2.6 万年为周期来回摆动，像一只倾斜着旋转的陀螺。在当代，地轴指向北极星，也就是小熊座勺柄上的最后一颗星星。如今这颗星星基本指向正北方向，在过去则每隔 2.6 万年才会出现这种情况。在这期间，会有一系列的星座经过北天极的天幕——仙王座、天鹅座、天琴座、天龙座等——但它们与小熊座毗邻。如果你能看到其中任何一个星座，那基本上都是北方，不过这样做的前提是你能够准确地辨认出这些星座：所有星星都在以不同的速度、向着不同的方向移动，就像你在更新世里漫游一样。十万年前的大熊座看上去更像是一头刚刚撞上大树的熊。在更新世之初，你抬头望向宛若幻想的天幕，看到的景象更像是一场低成本制作的电影，图像团队根本没花心思去重现真实的天空。这

1 布容尼斯 – 松山反转（Brunhes-Matuyama reversal）由法国地球物理学家贝尔纳德 · 布容尼斯（Bernard Brunhes，1867—1910）和日本地球物理学家松山基范（1884—1958）在 20 世纪初期先后提出并发展。目前人们对于这次磁极反转历经的时长依然存在争议，短至人的一生，长至 22000 年。

时的天空也尚未被人类触及，你大可以自己发明星座：斑马座、大水壶座、两只金丝熊仓鼠座。若是你很重视地理方位，那么最好不要离现代太远。

与许多其他时期相比，更新世在用水方面的问题要少些。喝溪水或者雨水通常不会有问题，至少可以确定你所饮用的水体不会被杀虫剂或其他化学工业品污染。与现在一样，水道中可能会有动物尸体。因此，如果条件允许的话，最好是在靠近水源的地方饮用流速湍急的水。安全起见，你最好还是将水烧开后再喝。冰期的优势在于冷水通常很容易找到，劣势则在于烧水用的木柴很难找，特别是在土地被冰雪覆盖的时候。

在更新世到处都可以露营。适用的露营规则与在现代以及前往其他时间旅行是一样的：你带来了什么，回家时就必须带走什么。与现代不同的一点是更新世的动物明显更多，可以考虑把它们作为可能的食物来源。在今天，尤其是欧洲，徒步旅行者通常缺乏应对大型野生食肉动物的经验。你在做准备时可以参考当代北美有熊出没的地带的旅行经验，其中包括不要在你做晚餐的位置附近睡觉。同样地，要把物资分开存放在三个地点，这三个地点之间的距离至少要相隔几百米。另外还要避开山洞和茂密的灌木丛。保持警惕。祝你好运。

陆上徒步与涉水徒步

更新世比较适合持续多日的徒步旅行。你可以体验在森林尚未得到清理、沼泽尚未干涸、河流尚未截弯取直的情况下徒步穿越德国。有待适应的一点是，在这个时期全欧洲没有任何明确的徒步旅行路线，指示牌也少之又少。作为替代方案，你可以选择那些由大型动物踩踏形成的小道，不过要考虑到此前提到的有关食肉动物的建议。在没有陆路的情况下，乘坐自制的木筏在众多河流上漂流是个不错的主意。欧洲中部的许多河流的流向与今天都不相同。经过上千年的演变，莱茵河抢走了多瑙河的水源。包括内卡河在内的一些支流都曾经汇入多瑙河，却随着时间的推移逐渐向北改道，汇入了莱茵河。因此请你做好心理准备，你最终到达的地点不见得符合你按照现代地图做出的预期。

更新世为人们提供了独一无二的徒步旅行的机会，因为有些路线后来再也无人涉足，其中的原因之一是这些路线现在位于海底。正如此前提到的，不列颠群岛曾经与欧洲大陆相连。在最后一个冰期的末期，人们可以从英格兰徒步抵达丹麦，或者应该说如果英国和丹麦已经存在的话，你可以这样走。我们今天所说的“多格兰”是一片肥沃的土地，如今翻腾在这片土地之上的则是北海。你可以去参观位于多格兰北部的多格滩[1]上的丘陵，还可以在如今被地质

1 多格滩（Dogger Bank），北海上的一个大型沙洲，距英格兰东海岸约 100 公里。多格滩是一个有着丰富鱼类资源的渔场，其名字来自于中世纪荷兰的渔船“多格”（Dogger），是一种专门用于捕捞鳕鱼的渔船。

学家称为“外银坑”（Outer Silver Pit）的广阔海岸边扎帐篷露营。这片海域位于多格滩的南部，在某些时期，这里有可能是莱茵河与泰晤士河的交汇处（你可以亲自查证这是否属实）。你可以沿着威尔德–阿图瓦背斜[1]的白垩岩悬崖徒步，从英国的多佛尔一路走到法国的加来。

你可以去参观多格兰的冰蚀湖在冰期后期向南流而形成的宏伟瀑布，英吉利海峡就是这样形成的。在波罗的海的入海口以及世界上许多其他冰蚀湖入海的地方都能发现类似的情景。如果要粗略地定位，你可以借用海底的地形图，比如深海渔民所用的地图。如果你是在距今约 1.5 万年前的最后一个冰期末期旅行的话，只需要把深度再增加大约 100 米即可。至于其他时期，请查阅专业文献。

冬季运动

冰天雪地的更新世是进行各种冬季运动的理想场所。对于滑雪或攀冰而言，你只需要一座被冰雪覆盖的山。欧洲或高或低的山岭当时都已经位于你熟悉的位置，再加上冰期冻结的冰雪，这些山岭都冻得很结实、稳固。在某些地方，有时会有光秃秃的山丘突破

1 威尔德–阿图瓦背斜（Weald-Artois Anticline）是一个位于英格兰南部威尔德地区和法国北部阿图瓦地区之间的地质构造，是阿尔卑斯山造山运动的后果，形成于渐新世晚期到中新世之间。在这个过程中威尔德盆底翻转，形成了约 180 米高的隆起。

冰层，这些山峦的顶峰海拔有一千多米，巴伐利亚森林或者黑森林就是两个例子。有时冰川与山峰的交汇处会形成一种壮观的裂隙地貌，也就是冰隙[1]。若要在冬天到山区徒步旅行，请你务必带上专用的装备：冰爪、冰镐、绳索、软梯。

对于滑雪爱好者来说，冰川首先意味着一年四季都有雪，几乎到处都有雪！但缺点是这里没有滑雪缆车，没有越野滑雪道，没有宾馆，没有滑雪后的聚会。你必须亲自动手建造冰屋过夜。因此，我们只推荐那些对天然降雪和粗放的滑雪条件感兴趣的旅行者去更新世滑雪。在旅途中请你记住，许多地方的表层积雪之下都潜伏着冰隙。说到冰隙，我们要提醒你一点：如果你对峡谷感兴趣，想走进那些深蓝色、冰光闪烁、滴着水的更新世冰隙，请你务必确认自己对这种行为有着真正清晰的认识，然后再进行探险。

艾费尔山区的火山

如果你想亲眼观看火山喷发，与现代相比，你在更新世要走的路程会短得多。在大约距今 1 万至 1.2 万年的更新世末期，艾费

---

1 冰隙是出现在冰川上的深沟，是冰川在重力作用下移动时由于冰块移动的速度不同，产生拉伸力而导致的。冰隙一般宽一米左右，长数百米，深达数百甚至上千米。很多冰隙表面被冰雪覆盖，十分隐蔽，是登山者的大敌。正因如此，登山者需要用登山杖探路，并且彼此用长绳系在一起，以便在有人跌落冰隙时展开救援。

尔地区的火山开始复苏。大约在公元前 1.09 万年，拉赫火山[1]最后一次喷发。火山活动只持续了几天，却足以使大片土地被灰尘覆盖——如今这种沉积物被称为“拉赫凝灰岩”，在欧洲中部的各地都有分布，因此最好不要离火山太近。理想的观测点是在至少 10 公里外的山峰上；更谨慎的选择则是在 100 公里以外。记得戴上防尘面罩。

拉赫火山最后一次喷发的火山爆发指数（Volcanic Explosivity Index，简称 VEI）达到了六级——接近位于苏门答腊和爪哇之间的喀拉喀托火山 1883 年的大喷发，以及 1991 年菲律宾皮纳图博火山的大喷发。如果你敢去超级火山附近探险，你甚至有机会在更新世看到高达八级的喷发。火山爆发指数采用的是对数尺度。这意味着八级不是只比六级强一点点，而是六级爆发威力的一百倍。北美洲的黄石火山在更新世期间曾多次爆发。210 万年前南美洲加兰火山爆发产生的喷出物体积是拉赫火山的 50 倍。据说 7.4 万年前苏门答腊岛北部的多峇火山的爆发几乎消灭了全人类。你可以试着查证这究竟是否属实，不过最好还是做好充分准备应对可怕的气候条件。关于这方面，我们建议你参考《大大小小的世界末日》，那一章也许更适合你。

1 拉赫火山（Laacher Vulkan）位于德国西南部，是德国与比利时之间的艾菲尔山脉的一部分。如今人们能看见的只有火山口湖拉赫尔湖。

恐龙王国

✦

尽管前往恐龙时代旅行的人气很高、需求量很大，但是到目前为止这已被证明是人们最不满意的度假方式。因此，在这一章的开头我们不会讲“什么时候去？”“去哪儿？”“明信片上该贴什么邮票？”之类的问题，而是会告诉你几个很有说服力的理由，为什么不应该去打扰从前的恐龙。

对于许多想要踏上旅途的人来说，问题早在计划阶段便会出现。孩子们想与恐龙共度假期的愿望固然强烈，但旅行社希望避免法律纠纷和伤病赔偿金的诉求则更加强烈——举个例子，某户人家度假归来时，带回来的孩子数量可能比带过去的要少。因此，凡是讲信誉的旅行社都不会允许带未成年人参加这种旅行。

大多数旅行社的做法跟汽车租赁公司一样，考虑到年轻人更喜欢冒险，旅行社经常把年龄限定在远超法定成年年龄之上，因此你的愿望很可能得在过完三十岁生日后才能实现。请不要因此而批评时间旅行社。相反，你可以去看看那些关于为了拍照效果更好而凑到离灰熊只有几米的视频。我们对灰熊的习性有着详细的了解，对大多数恐龙的习性却几乎一无所知。尽管你的行为不会像灰熊视频里的那些人一样白痴，你不过是对从前的物种的应激反应知之甚少，但你依然有可能会被咬掉重要的身体部位。

在现代，我们知道哪些植物和动物可以食用，这是因为我们的祖先已经通过试错探索出了结论。而在遥远的过去，在这方面你只能靠自己。当时生存的绝大部分动植物现在都已经灭绝（更多相关内容请参考《大大小小的世界末日》一章），我们既没有图鉴也没有食谱。

你固然可以从家里带来自己所需的一切旅行物资以避免食物中毒，遗憾的是还有多种中毒方式是没那么容易避免的，仅仅是身处错误的地方或者不小心做出某个行为就有可能使你中毒。在现存的许多动植物中，毒性的进化是彼此独立的：响尾蛇的毒牙与蓝环章鱼咬人释放出的毒素在进化上没有任何关联，这二者与蜜蜂的刺和毒鹅膏菌的毒素也没有关系。这意味着在过去我们不熟悉的动植物中，肯定存在一些生有毒牙、毒腺、毒触角或者毒刺的物种。当代的有毒物种固然令人头疼，但我们至少知道它们大致会在哪些地方出没，什么解毒剂最有效。相反，我们不知道在遥远的过去自然界的什么东西会以什么令人惊讶的方式将毒素注入毫无戒备的游客体内，我们当然也不知道什么可以帮助解毒。因此在这样的假期里，你必须比置身于当代荒野中要更加谨慎。

关于安全与健康的总体建议

◉ 行动时一定要遵循旅行社的建议——这次旅行绝不是那种刻意不走“前人踩烂的路”，而执意在未知地域开展个性化旅行的假期。你需要的正是前人踩出来的路。然而你的追求其实是徒劳的，因为在白垩纪根本就没有前人踩出来的路径。

◉ 不要触摸任何生物，哪怕它表现得很亲人、看起来很可爱也不要去碰。就算是在现代，表面看上去无害也不代表真的无害。别忘了鸭嘴兽的毒刺。

◉ 无论天气有多热，只要条件允许，就不要让任何一寸皮肤裸露在外。请你穿上结实的衣服和高筒靴，把长裤塞进靴子的靴筒里，并用绝缘胶带之类的东西把靴筒与裤子捆在一起以实现防虫的效果。

◉ 在你睡觉的地方罩上一张防虫网。

◉ 穿上鞋子和衣服前一定要彻底抖一抖。任何情况下都不要赤脚走路，就算天气炎热，或是你来到一片令人难以抗拒的梦幻海滩，也不要赤脚走路。踏上旅途之前，请先了解一下假如你踩到生活在现代的毒蛇鰧鱼的毒刺会有怎样的后果。没人能保证过去的自然界不会创造出类似的，甚至更危险的动物。

◉ 不要因为大陆刚好彼此相邻就试图从一个大陆游到另一个大陆，只为了回家后可以吹牛。请千万不要下水，就算是河流或者淡水湖也不行，水深“只到膝盖”也不行。

◉ 不要把手伸进有可能藏着东西的地方。

◉ 如果条件允许的话，不要从灌木丛、矮树丛或者幽深的草丛中穿过。如果实在无法避免，你可以用一根长棍子敲打前面的路。动物只有在自我保护时才会对人类使用毒液，只要有机会，它们还是更愿意远离危险区，起码现代的动物是这样。运气好的话，生活在远古的动物也会有类似的行为。

*

动物是否会出现也是一个问题。尽管大多数旅行者都希望见到恐龙，但不见得会希望恐龙看见自己，至于被恐龙近距离看见就更不用提了。而从另一方面来说，度假归来却根本没见到恐龙的踪迹，也很令人失望。这种情况完全有可能发生，你的旅行目的地也许并不像艺术作品中呈现的那样，二十头形态各异的恐龙挤在一片池塘周围，还有许多动物伸长了脖子，天空中有翼龙翱翔的身影。过去不是动物园，也不是野生动物园，无法保证游客一定能从最佳角度观赏到所有新奇的动物。整个旅途中你很可能只见到了几只不寻常的昆虫，即便如此，旅行结束后你也不会从旅行社得到哪怕一分钱的退款。

我们固然听说过从前某些动物不像现在的动物这样怕人，就像早期的极地旅行报告中提到的海豹和企鹅一样。但实际情况不见得总是这样。即使是在今天，想在自然界观察动物的人也为此承受了诸多不便，其中最重要的就是必须要有耐心。这一点放在过去也没什么不同，倘若你在野生动物摄影方面颇有经验，这会很有帮助。

不过，观察动物之所以能够在现代成为一种悠闲的消遣方式，是因为我们的祖先已经在部分地区消灭了大型食肉动物。如今只有在北极地区才会偶尔发生一个人在全神贯注地观察动物时自己反而被北极熊盯上了的情况。在遥远的过去，这种情况会比较普遍。

尽管难以准确界定，但最迟到电影《侏罗纪公园》上映时，人们已经意识到了白垩纪动物可能会带来的危险。然而根据最新研究，霸王龙其实可能无法像电影中那样急速奔跑，一旦奔跑的时速超过每小时 20 公里它们的脚骨就有可能断裂。但是在实践中这个研究结果对你没有什么帮助，因为人类奔跑的速度不见得比霸王龙快，除非是短距离冲刺。

至少有一点令人安心，你不太可能遇到来自高处的危险。据目前所知，翼龙以鱼类为食，而不是以时间旅行者为食。因此，相对安全的做法是找到一处制高点爬上去，最好是陡峭的岩石顶上，而不是在树上——即使在过去，树木也是深受动物喜爱的栖息地。爬山时记得戴上手套，先用长柄刷仔细清扫岩架和洞穴，再伸手去抓握这些地方。就算是在现代，在温暖的岩石上攀爬时被蛇或者蜘蛛咬伤的情况也不少见。等你以这种方式爬到制高点后，直到假期结束，最好尽可能地减少移动，不要离开那里。较为安全的做法是安装几台动作感应式野生动物自动摄像机。还有一种从根本上来说更安全的做法，那就是只欣赏其他旅行者从过去带回来的照片。

在得到种种警告之后，也许你已经改变了出行计划，不打算去看恐龙了，而是计划去参观此前多次提到的原牛，直到两千年前这种生性温顺的动物还广泛分布在欧洲各地。也许你会跳过这一章去阅读别的章节。不过每个人的度假偏好不同。有些人愿意在游轮上一待就是几个星期，有些人则愿意在接连不断的雨天里骑自行车穿越整个国家。因此自然也有人愿意在岩壁上露营，躲在防虫网下吃着自己带来的干粮，一动不动地度过假期。如果你也是其中的一员，下面的内容可以帮助你了解在旅行中如何获得更多乐趣。

最佳出行时间

白垩纪持续的时间不算短，它始于距今约 1.45 亿年前，结束于 6600 万年前，是中生代[1]的一部分。中生代始于距今约 2.35 亿年以前，整个中生代的大气都是可以呼吸的。唯一有可能需要你适应的是空气中的氧气含量。根据不同的出行时间，空气中的氧气含量大约在 15%—30% 之间，今天我们生活的大气中的氧气含量约为 21%。15% 的氧气含量基本相当于海拔 2500 米处的大气条件。在这个海拔高度，甚至更高的地方也有大城市存在，长期以来当地居民已经适应了这种氧气含量。就呼吸而言，30% 的浓度同样不成问题，不过你在使用露营炊具的时候要更加小心。即使在潮湿的地区，发生森林火灾的风险依然很高。

---

1 中生代（Mesozoic）是显生宙的三个地质时代之一，中生代又进一步分为三个地质时代，分别是三叠纪、侏罗纪和白垩纪。这一时期的优势动物是爬行类动物，尤其是恐龙，因此又被称为爬行动物时代。

大约 1.75 亿或 1.5 亿年前，地球上的所有大陆都是彼此相连的，共同构成了超级大陆“泛大陆”[1]。大多数时代和地区的气温平均比现在高 6—10℃（有关远古时期的气温的更多内容请参考《寒冷时期，温暖时期》一章）。像今天南北两极那样的大规模冰川尚未存在，海平面比现在高约 80 米。就算不是这样，你也不可能辨认出任何地点，无论在沿海还是在内陆。

在中生代初期看见恐龙的概率很低，恐龙在当时整个动物界中占的比例只有大约 1%—2%。只要再过几百万年，这种情况很快就会发生改变。因此你最好跳过中生代之初的三四千万年。尤其需要避开的是约两亿年前的阶段。三叠纪 - 侏罗纪灭绝事件就发生在这个时候，遗憾的是到目前为止人们只能极为粗略地推测灭绝事件发生的时间，而且发生的原因依然不明。（对时间旅行者来说）最理想的原因是一个缓慢发展的过程，也许与气候变化或海平面升降有关。但是也有可能与小行星撞击、彗星撞击或者火山爆发有关，你肯定不想亲自参与这些事件（如果你真的想参与其中，请阅读《大大小小的世界末日》一章）。当时存在的物种约有四分之三都成了这场大规模灭绝事件的受害者。若是你想百分百保证自己不经历它们的命运，那么最好是去另一个时代。在中生代末期，各大洲漂移分散开来，各个恐龙物种也随之分开，总体来说可看的东西更多。

---

1 泛大陆（Pangaea 或 Pangea），名字来自希腊语的“全”（Pan）和“陆地”、大地女神盖娅的名字（Gaia 或 Gaea），由提出大陆漂移学说的德国地质学家阿尔弗雷德 · 魏格纳所命名。

如果你对狩猎大型动物感兴趣，那么你应该尽量把旅行时间推向白垩纪末期（但也不能太晚，以免成为希克苏鲁伯陨石撞击事件的受害者，请再次参考《大大小小的世界末日》一章）。与现代不同的是，你可以狩猎濒临灭绝的动物而不必面对道德难题——因为过不了多长时间，所有恐龙就全部灭绝了。根据你出行时间的精准程度以及旅行地区的不同，猎物死在你手里所承受的痛苦可能比经历随后发生的全球性自然灾害的痛苦更小。然而，为了不给未来的古生物学家造成不必要的困惑，请务必注意，不要将任何弹药遗留在过去——无论是留在猎物体内还是留在大自然里。提供这种游猎恐龙之旅的旅行社会帮助你解决装备问题。但是我们十分不推荐这样的假期活动：你的娱乐建立在另一个生物的死亡之上。这种行为基于极不公平的优势：你所属的物种碰巧发明了枪支，并长出了对生拇指。无论猎物的体型多么庞大、长了多少颗牙齿，都不能改变这种不公平的现实。

最佳旅行目的地

从理论上来说，你可以根据发现恐龙化石的著名地点来制定出行计划：德国英戈尔施塔特北部的索尔恩霍芬石灰岩、下萨克森州的穆胥哈根、葡萄牙莱里亚附近的吉马罗塔煤矿、比利时贝尼萨尔的禽龙化石坑。不过请你事先详细了解一下这个地方究竟以什么化石而闻名：出土的往往只是些不起眼的小型海洋生物化石，在你旅行的时期整个地区可能都位于水下。不仅如此，所有这些地方过去都不在如今你所熟悉的位置，看上去也与今天的风貌截然不同。

已知的化石出土地点无法成为理想的旅行目的地还有另一个原因：化石形成的地点通常是在水体底部有沉积物的地方。之后，沉积物必须在地球板块运动的过程中移动到便于今天研究的位置。这里的“便于”并不是指“靠近公交车站”，而是指“靠近地球表面”。在其他许多地方也可能存在着迄今完全不为人所知的动植物。因此，那些不以出产化石而闻名的地方也许反而更值得一去。运气好的话，在那里你会获得最新奇的发现。

虽然大多数恐龙的个头都比针大，然而无论如何，你的搜寻从在空间和时间上来说都无异于大海捞针。就算是在“便利”的地方，你面临的也是漫长的时间周期。这就好比现代人在喂鸟器前等待着欧洲绿啄木鸟的到来，仅仅只是因为在几百万年前那里曾经出现过一只绿啄木鸟。

至于前面提到的安全制高点：今天的陡峭岩壁在当时尚不存在，而过去的岩壁如今也已经不复存在。请你根据其他时间旅行者的经验来寻找有利的观测点。

装备与补给

恐龙时代有个明显的优势：这场穿越时空的旅行没有任何语言、付款方式、证件或者服装方面的障碍。你大可以穿着自己现在度假时穿的衣服跨越整个中生代。不过没有人存在的环境也有缺点，那就是你无法买到食物，整个假期你都必须自带食物。饮用水也是同样：原则上来说，今天我们采用的饮用水净化方法也适用于恐龙时代。不过，前提是你去的不是一个碰巧多年没下过雨的地区。

假如某些意外状况导致你失去了旅行补给，最好的办法是保持禁食，直到返回现代。如果实在做不到，请尽量只吃自己熟悉的物种。如果你会钓鱼，能钓到类似鲟鱼的东西，或许可以吃（并按照传统的鲟鱼食谱来烹制）。鲟鱼是一种活化石，在过去的一亿年里它的变化不大。在热带海域的浅水沙滩上，你也许能捕到鲎，这一物种同样也没有发生太大的变化。不过除非你碰巧来自一个有着吃鲎传统的地区，否则制作和食用它的过程需要你在审美上稍加适应。人们通常觉得鲎的外表很丑，它的内部构造看起来也丝毫不比外观更让人有食欲。你可以通过观看视频或者去泰国度假的方法提前做些功课。对于那些你不能完全确定的动植物，只有在极端紧急的情况下才可以食用。就算你抱着谨慎的态度稍加品尝也是有风险的：有些东西吃掉后要过很长时间才会产生危及健康或者致命的后果。

可能的发现

你很有可能发现全新的物种：现代研究表明，恐龙可能有数千个属，到目前为止人们只对几百个属进行了科学描述，还有多种恐龙连存世的化石都没有。

你或许可以观察到某个已知物种做出某种我们至今一无所知的行为。举个例子，研究人员对大约1.5亿年前鸟类如何学习飞行非常感兴趣。就算你在这方面没有任何背景知识，也可以为科学认知的进步做出贡献。在这个时代，你也许会看到动物在地上蹦蹦跳跳，展开前腿划动，说不定能见到它们稍稍腾空一跃的瞬间。你也许会看到动物从树上往下跳，学着减小冲击力，增大翼展。这是两种最常见的理论，鸟类飞行奔跑起源说和鸟类飞行树栖起源说，或者用更容易理解的话来说："从地面向上"和"从树上向下"的理论。

要想弄清楚这个问题，你应该寻找的动物是最为著名的始祖鸟。始祖鸟生活在如今的德国南部，不过当时这里离赤道更近，由温暖的浅海中的岛屿组成。这种大名鼎鼎的鸟类并不比喜鹊大多少。如果你见到，甚至拍摄到这样的动物，学术界一定会无比欣喜。观察的关键在于始祖鸟有没有尝试飞行，换句话说，它身上确定存在的那些羽毛究竟是为了防寒还是为了装饰。如果你看到它在飞，请注意它是从地面起飞的还是从高处起飞的。（在这样的气候环境中不太可能有高大的树木，不过还是眼见为实。）

若是你的照片能够提供准确的定位，就可以为科学界提供进一步的帮助。遗憾的是给照片定位并不像现在这么容易，请你在“关于时间旅行的实用建议”部分阅读更多相关内容。除非有人不辞辛劳地以非常传统的方式丈量过去的各个大洲，并出版相应的地图资料，否则人们只能将就着使用由旅行社提供的不太可靠的定位信息。

大大小小的世界末日

✦

这一章讲的是前往过去发生自然灾害的时期旅行。历史灾难旅行路线一直都有，从未下架过，正如在现代总会有些人忍不住想去切尔诺贝利观光，去火山徒步。正是由于这个原因，我们认为不该忽略这种类型的时间旅行。我们不鼓励任何人这样做，但我们也不想向那些对此有兴趣的人隐瞒建议。不过请记住，大多数保险政策（如短期人寿保险、意外险、时间旅行险和无就业能力险）通常不会受理这种旅行引起的问题。

陨石

最壮观的旅行当然要数去亲临约 6600 万年前尤卡坦半岛上的希克苏鲁伯陨石撞击事件，尤卡坦半岛现今隶属于墨西哥。一块巨石——其实更像是一整座山从天而降。据目前所知，当时地球上生活的所有动物物种约有四分之三因为这一事件而灭绝，这便是著名的白垩纪 – 古近纪灭绝事件。想要通过时间旅行去亲历这场灾难并不是容易的事，“约 6600 万年前”这句已经预示了麻烦的开端。到目前为止，人们对这次撞击的时间只能精确到前后 3.2 万年的范围内，因此你只能通过试错来确定正确的日期。截至本书出版时，科学界还没有得出定论。这次事件可能发生在一个秋日，至少古生物学家罗伯特·德帕尔马[1]在考察了当时留在沉积岩层中的动植物遗骸之后是这样认为的。

你可以试着倒推，向发生撞击的日期靠近。肉眼可见的后果（没有恐龙的踪影、森林被毁、墨西哥的大坑、整个世界可能陷入了黑暗）让你很容易判断自己是否已经接近撞击日期。相反地，如果在撞击前抵达旅行地点，你无从得知自己究竟是早到了一个星期还是早到了一千年。在错误的时间到达目的地，你的麻烦还不算大。如果你几乎刚好在撞击发生时到达目的地，问题可就大得多了，尤其是在撞击刚刚发生后的那几个小时里，无论你在世界的哪个角落都会很难受。不过这方面我们稍后再细说。

我们首先假设你已经在其他时间旅行者的帮助下缩小了日期范围，因此可以在灾难发生前不久作为观察者抵达目的地。气候不成问题，空气也可以呼吸。不过请你不要去得太早，因为我们对于白垩纪时期食肉动物的捕食习惯几乎没什么了解（更多相关内容请参考《恐龙王国》一章）。

你要观望的巨石直径至少有 10 公里，它留下的大坑直径有

1　罗伯特·德帕尔马（Robert DePalma，1981—　）是一名美国古生物学家，毕业于堪萨斯大学，在英国曼彻斯特大学任研究员，并在佛罗里达大西洋大学地球科学系兼职任教，以其对美国北达科他州西南部的塔尼斯（Tanis）遗址的研究而闻名。

150 公里。虽然人们已经勘察清楚了陨石坑的边界，但请你最好不要直接站在那里。我们建议你保持安全距离。在距离撞击点大约 1000 公里的地方，撞击产生的热量会使你或当场死亡、或在几秒钟之内死亡。撞击会释放出巨大的能量，而大自然若想释放能量，最先放出的就是热量。因此当高达 300 米的海浪将周围的海岸夷为平地时，你也早已化为灰烬。1500 公里的距离也不够，因为紧接着冲击波就会到来，你同样无法幸存。几分钟后，被从陨石坑抛向空中的巨大石块会从天而降。你要保持的安全距离至少要在大约 5000 公里。顺便说一句，与撞击地点相对的世界的另一端——也就是印度——不仅不安全，反而格外危险。陨石坑中的物质被抛到高高的大气层中，来自四面八方的碎片会聚集在撞击点的对面。因此你最好把观测地点选定在欧洲最东部的某个地方。

你也许会反对："在那里什么都看不到啊。"即便如此，你依然可以在观测点目睹 10—11 级的地震。这比采用里氏震级以来记录的最严重的地震还要猛烈至少十倍。请不要离树木或者石块太近，这些有可能会落在你头上。

假如到了这一步你依然幸存，那么还有最后一个问题要面对：此前提到的热量必须要有个去处。撞击发生后的前几个小时里，世界各地的天空都像烤炉[1]一样猛烈地散发着热量——这里说的不是那种清凉喜人的动物，而是饭店里用来烤制食物的设备。退到南北

1 原文是 Salamander，在德语中这个词来源于中世纪欧洲传说中的火精灵沙罗曼达。这个词在现代既有"蝾螈"的意思，也可以指一种从上方给食物加热的烤炉。

两极附近观察撞击也没多大用处，因为我们正处于地球的温暖时期，北极尚不存在，南极则是一块普普通通、没有冰雪的大陆。空气仍然可以呼吸，空气温度大约只升高了 10℃。红外线辐射确实是个问题，不过这种伤害很容易避免：只要在身上覆盖 10 厘米厚的土层就够了。生活在水中或洞穴里的一部分物种之所以能在这场大灾难中幸存下来，原因或许就在于此。如果你到得比较早，可以挖个洞或者用树枝和泥土搭个掩体就够了。动工时注意防震，以及避开有森林火灾风险的地区。

这听起来也许令人望而却步，心里不大舒服，但是理论上来说你很可能在这次旅行中幸存下来。有些物种已经成功了——诚然，其中没有体重超过 25 公斤的哺乳动物，不过一些体型较大的物种仍然有可能是在未来几个月、几年甚至几个世纪后才会灭绝。即使对体型和人类差不多的哺乳动物来说，撞击事件本身并不一定是致命的。其中的细节你可以在现场了解。

这一经历固然很适合作为聚会上的谈资，但旅行的风险也确实很大。你若是很在意出行安全，那么最好从空间站里观看撞击（请参考《通往宇宙诞生之初的旅程》一章）。不过，这次撞击使得约 7000 万吨的岩石分散到了附近的天体上，影响范围之广令人震惊。安全意识强的人应该选择另一个太阳系的另一个行星的轨道。

火山爆发

也许你更愿意观看模拟特写视频来了解希克苏鲁伯陨石撞击事件，而在真正度假时参观一场影响较小的灾难，比如火山爆发。对于观测这类事件，时间旅行比在现代观测更加安全，因为人们很清楚在哪个时间不应该去哪个地点——至少这对于年代没那么久远的火山爆发是适用的。

然而火山爆发面临的问题是它们要么日期不详，要么会夺走许多生命。在日期能够确定的火山爆发中，印度尼西亚松巴哇岛上的坦博拉火山爆发是规模最大的一次：这一系列火山喷发始于 1815 年 4 月 5 日，并在 4 月 10 日晚 7 点达到顶峰。与希克苏鲁伯陨石撞击事件不同的是，在这一场景下你面临着道德问题。这次爆发对你来说也许只是一次度假经历，但它却让大约 10 万人付出了生命。你既不能阻止火山爆发，也没法提供有效的帮助。1883 年喀拉喀托火山爆发则与此不同，那里的伤亡大多是海啸造成的。这种情况下你至少可以为沿海地区的居民提个醒，或许还能劝说他们转移到地势高的地方去。这些方法对于坦博拉火山爆发都不适用。火山爆发后的几个星期、几个月内，松巴哇岛和邻近的龙目岛的大部分居民都死于饥饿和缺水。选择这样的历史事件作为度假目的地，其中蕴藏的恶意不亚于参观屠杀和处决（请参考《战争的阴暗面》一章）。

不过，如果你能发掘更多有关希腊的圣托里尼岛火山爆发的信息，肯定能让现代的一些人喜出望外。这次爆发史称米诺斯火山爆发，发生在公元前 1600 年至公元前 1525 年之间，对考古学研究有着极为重要的意义：通过研究地中海东部的火山灰沉积物，人们可以将来自不同地区的出土文物分别纳入相应的时代。如果我们能更准确得知这座火山爆发的时间，诸多年代问题也都将迎刃而解。或许当你读到这本书的时候，这个问题已经有了答案。倘若真是这样，那么为了其他时间旅行者着想，你可以寻找一座爆发时附近没有人的火山，想办法确认它的爆发日期，这样这个地点就可以作为没有道德争议的旅行目的地向游客开放了。在《难忘的周末》和《穿越狂野的更新世》等章节中，你能了解到更多以火山为景点的旅游信息。

水

在现代，风景如画的瀑布，诸如尼亚加拉瀑布和委内瑞拉的安赫尔瀑布是最热门的旅游景点之一。然而几乎所有的自然景观在过去都曾经有过更宏大、更气势磅礴的版本供人参观——这也许仅仅是因为时间周期颇为漫长，事物得到了充分的发展。如果你想在风险相对较小的环境里观赏清凉的水景，而不是到火山爆发那种热得令人难受的环境中去，你只需要穿越到 533 万年前。运气好的话，在那里你可以看到大西洋通过直布罗陀海峡涌入地中海的场面，只不过当时的地中海还不是海，而是一座 3000—5000 米深的盆地。

若是你想准时抵达，必须运气绝佳才行，截至本书出版时，准确的旅行日期尚未确定。如果到得太早，你肯定会有所察觉，因为那时的地中海只是一些小小的咸水洼，类似于今天的死海。在世界的其他地方，海平面比现在高出约 12 米。你倒是也不必立刻失望地离开，这个时期也有美丽的风景。比如欧洲和非洲通过西西里岛附近一条宽阔的陆桥彼此相连，尼罗河、隆河在河口处形成的深邃峡谷也十分壮观。在这些地方游览时，请参考在现代游览科罗拉多大峡谷时所需的防护措施。最重要的是要携带大量的饮用水，这些峡谷与科罗拉多大峡谷一样，下面的温度与干燥程度可能超出你出发时的预测。

就算你设法在合适的时间抵达了目的地，依然有可能看不到壮观的水景。地中海盆地究竟是迅速被填满，还是在 1 万年的时间里逐渐被填满，这至今仍然存在争议。从游客的角度来说，后者的发生过程并没有什么值得一看的。

即使灌水过程确实发生得很快，你依然有几个月的时间可以观赏。你可以在今天的直布罗陀海峡附近找个合适的位置架起躺椅。在那里，你会看到大量海水从大西洋涌进盆地，水流足有几公里宽。这里的水流不会形成垂直的瀑布，而是顺着斜坡奔涌而下，但是这丝毫不影响它的精彩。你若是在盆地里欣赏这个场景，你必须要时时调整躺椅的位置，而且不要在海滩附近过夜：涨水的高峰期，水位每天会上升 10 多米。

参观过这样的场面之后，倘若你得出的结论是你更喜欢过去的风景，那么你需要的只是一点耐心（以及一本涵盖了未来部分的旅行指南）。盆地被灌满水后，直布罗陀海峡会再次变浅。预计再过200万—300万年它就会彻底关闭。在那以后只要再过1000年左右的时间，地中海就会彻底蒸发干净。

战争的阴暗面

战争旅行的受欢迎程度可谓惊人。时间旅行者能做的事情那么多，很多人却偏偏惦记着过去的战役和战争，以及自己能在那里做些什么。这种对战争的热情究竟从何而来，我们尚不清楚。也许不仅仅是与不幸的童年或者对制服的迷恋有关。战斗之所以受欢迎，是因为其代表着一些在历史上可能导致截然不同的结果的时刻：如果在条顿堡森林战役中获胜的是瓦卢斯，而不是阿米尼乌斯，将会怎样呢？[1] 如果拿破仑最终决定不向莫斯科进军呢？当然了，历史上充满了不那么戏剧性，但同样影响深远的时刻：在不合适的时候下了一场雨，某种病原体发生了变异，一片大陆向北而没有向南漂移，某个工匠行会确立了一条新规，等等。

那些认为战争具有重大决定性意义的人，往往是被显而易见、哗众取宠的东西蒙蔽了双眼。如果把历史的发展归结为军事冲突或某个人的影响，这种观点就好比认为地质学等同于爆破。除此以

1　条顿堡森林战役是日耳曼人反对罗马占领军的一次战役，发生在约公元 9 年的 9 月。文中提到的瓦卢斯是罗马帝国日耳曼行省的总督，他试图在当地引进罗马的租税与法律制度，引起日耳曼人的强烈不满，加上他统治方式暴力、生活荒淫，由此爆发了起义。战役的结果是由他率领的三支罗马军团约两万人全军覆没，他本人在战败之后自尽。阿米尼乌斯是日耳曼军队的统帅，他后来在公元 21 年遇刺身亡。

外，还有很多充分的理由劝诫人们不要去正在交战的地方旅行。大多数原因是不言而喻的，不过为了保险起见，我们还是要说一下。

旅行社可能已经让你签过字，请你保证不会随意进入危险区域。不过我们来做个假设：假如有一家经营范围颇为可疑的旅行社专门为喜好战争的客户提供服务，你已经在那里预订了行程，但你通常不会细看合同里的那些小字。在这种情况下，你将首先体会到战争旅行的游客可能会面临的实际困难，法国作家司汤达在他的《帕尔马修道院》中对此有过描述。这部小说的背景设定在 19 世纪初的拿破仑战争时期，主角是个名叫法布里奇奥的意大利青年，他很同情拿破仑，于是自愿参军与法国人并肩作战。他遇到的许多问题与时间旅行者可能会经历的极其相似。他说不好当地的语言，不会给步枪装弹药，人们误认为他是间谍，把他关进了监狱。等他终于来到战场上，却完全不知道该怎么打仗。他听见四面八方传来“可怕的声响”，看到了烟雾，却不知军团在哪里。“我目睹的是一场战役吗？这就是滑铁卢之战吗？”事后他这样问自己。

适合时间旅行者到访的战争少之又少，因为这意味着战斗要发生在一个合适的地点，并且具备既可以观望又不危险的观测点。即使满足了这些条件，自火药发明以来（在中国是 7 世纪，在欧洲是 14 世纪），你的体验也会跟法布里奇奥相似，除了烟雾以外看不见太多别的东西。但凡曾经在柏林的跨年夜观看过烟花的人，都想象得出在这样一场战斗中能看清多少东西。以战争为主题的画作总是会描绘将军们在山头用望远镜观察战况的情景，然而这些画作不见得与现实有多大关系，而且指挥官所在的山头可不是那些行迹可疑、“只想看热闹”的陌生人该去的地方。在海战中，观战位置就更少了。

能见度差只能算是小问题。在战时，围城中的传染病会发展得格外迅猛（请参考“关于时间旅行的实用建议”部分）。病原体才不在乎你究竟是想参与战斗还是只想观战。在有些情况下狼甚至也会造成麻烦，1660 年丘德尼夫战役[1]之后，骑兵上尉冯·荷尔斯泰因曾描述道：“数百匹狼聚集在这场大战的战场上，以至于无人能够安全地从那里经过，在那片区域躺着 6 万多具死尸……”

狼和乌鸦的食物充足，人类的食物却有可能很匮乏。直到 19 世纪，军队的补给依旧是主要来自士兵在当地能够搞到哪些东西——大多数情况下这意味着抢夺与盗窃。正是由于这个原因，收获季节往往是发动战争的高峰期。

交战的各方并不知道你只是个游客，他们可能会像对待敌军一样将你击毙。当地的居民若是先前与军队有过不愉快的经历，也会对你产生怀疑，还可能出于防患于未然而把你杀掉。对女性来说，遭到强奸的风险会比平日更高。男性则有可能被抓去充军，你越是比当地人高大健壮，面临的风险也就越大。你的一口整齐的牙齿在征兵人员眼中也格外具有吸引力，这无关乎审美，只是因为从 17

1　丘德尼夫（Chudniv）是乌克兰的一座城市，丘德尼夫战役是俄波战争中的一场战役。这场战争发生在 1654—1667 年，参战双方分别是沙皇俄国与波兰、立陶宛联邦，战争的后果是双方在 1667 年 4 月 30 日签订了安德鲁索沃停战协定，波兰将第聂伯河畔城市斯摩棱斯克以及包括基辅在内的左岸乌克兰地区割让给俄国，俄国的领土由此扩张，标志着俄国崛起的开始。

世纪末开始士兵必须能够咬开装火药和弹药的纸筒。就算牙齿不好，你仍有可能被招去做其他工作。

顺便说一下，这些问题不只是在战区附近出现。如果你是男性，那么在崇尚武力的国家你应该与军人始终保持距离，换句话说就是不参与其谈话，甚至他们邀你喝酒也不要去。在这方面，1713 年以后的普鲁士对于身高超过 1.7 米的男性来说比较危险。在 17 至 19 世纪初，你还有可能被皇家海军强行征召入伍。不过这种情况主要发生在沿海地区，你若是完全不了解航海则会更安全些。

若是军队中有一部分人是被强征入伍的，那么当逃兵自然也就颇为流行。对你来说这意味着只要人们对你产生一丝怀疑，哪怕是在军队以外的地方，你都有可能会被认定为是逃兵而被当场枪毙。在战时，有关护照、证件和身份的问题层出不穷。

即便如此你若是还是想了解战争的情况，那么我们建议你去 1813 年 8 月 24 日的柏林。前一天，由法国人和撒克逊人组成的拿破仑部队在柏林以南的大贝伦与普鲁士人、俄国人和瑞典人交战，结果战败[1]。大炮的轰鸣声在柏林听得清清楚楚。据柏林银行家约翰 · 大卫 · 穆勒的传记记载，24 日这一天有“数不清的人出于好奇”从哈雷门涌向大贝伦。在那里，映入眼帘的是遍地的“尸体、子弹、盔甲的碎片和死掉的马”。穆勒向军官们分发了“黑咖啡、糖和朗姆酒”，作为回报，他获得了战况的消息。这天下午，人们

---

1 即发生在 1813 年 8 月 23 日的大贝伦战役（Battle of Großbeeren），交战双方为普鲁士第三军团和法国 – 撒克逊第七军团。拿破仑曾希望通过占领普鲁士的首都将其逐出第六次反法同盟，但由于地形、降雨和指挥官的健康状况不佳等因素，这场战役以法国的失败告终。

将大贝伦遭到损毁的房屋的栅栏、木桩以及断壁残垣堆积在一起点燃，好利用这堆火准备饭菜。“5点钟，数千名柏林人在尸体的包围下分发食物，共进午餐”。在这里你可能不会有生命危险，但这仍然是一种颇为自私的行为。既然在现代你不会把去战区旅游当作消遣，在过去你也同样不该这么做。

即使你并不打算将战争作为旅行的目的地，也应该尽量避开正在交战或者即将爆发战争的时代与地点。这一点尤其适用于那些面临解体或者治理失当的国家。相反，你要找的是那些稳定、总体上比较繁荣、和平的国家。这并不一定意味着你必须彻底避免去战争年代旅行。三十年战争并没有真的连打三十年，它更像是笼罩在欧洲上空的一种持久的恶劣天气，但是在这期间稳定的地区与时段更难找，也更稀少，人们彼此之间更缺乏信任，基础设施也更残破。更简便的办法是彻底避开已知的战争。即便是这样，通往过去的旅程依然暗藏着不少风险。

永久定居

✦

在迈克尔·克莱顿[1]的小说《重返中世纪》中，历史学教授安德烈·马雷克在前往中世纪法国的时间旅行途中决定不与同事一同返回现代，虽然此前他并不知道时空穿梭机的存在，但他其实一生都在为此做准备。他会说中古英语、古法语、拉丁语和奥克语[2]，对中世纪的服饰与习俗了如指掌，还接受过射箭、剑术与马上枪术的训练。除了在时间旅行的科幻小说中，在现实世界里像安德烈·马雷克这样的人可谓是十分罕见。

对大多数人来说，过去只不过是个充满异域风情的度假胜地。与当代的假日旅行相似，尽管人们会说“这里挺好的”，但是他们并不打算在旅行的时代永久定居。这其实也让人觉得很意外，因为人们对现代世界一向抱怨颇多，总是说自然环境不像从前那样美丽，到处都是不安全、不健康的东西，政治环境好似幼儿园，富人

---

1 迈克尔·克莱顿（Michael Crichton，1942—2008），美国畅销书作家、医生、影视制片人、导演兼编剧。作品多为动作类型，科技成分浓厚，被冠以“科幻惊悚小说之父”的称号。除了文中提到的作品，他还是《侏罗纪公园》系列的原著作者兼电影编剧。

2 奥克语是印欧语系罗曼语族的一种语言，主要通行于法国南部的奥克西塔尼亚地区以及摩纳哥、意大利和西班牙的局部地区。据联合国教科文组织的濒危语言红皮书记载，奥克语的六种主要方言中有四种被认定为“重大危险”，其余两种则被认定为“危险”。

太富，穷人太穷，世界太复杂，年轻人的喜好太离奇，一切都变得太快。过去也许并非方方面面都好，但至少人们会彼此交谈，运动更多，也更有信仰，建筑物更具艺术格调，碳足迹更是小得堪称典范。

放眼全世界，有超过三分之一的人认为50年前的状况比现在更好。这是2017年皮尤研究中心调查得出的结果。不过，对20世纪六七十年代的热情高低与受访者的居住地有着极大的关系。中美洲、南美洲以及非洲的受访者对此热情最高，在亚洲和欧洲则最低。受访者所处国家的经济状况越好，偏爱现代的人的比例就越大。

不过，如果你仔细观察调查结果，很快就会意识到这种渴望往往与历史无关，而与青春有关。只有百分比为个位数的受访者认为1900年以前，甚至1700年以前的生活比今天更美好。因此如果你有移居到过去的考虑，请先问问自己想找回的究竟是什么东西：即使穿越时空，你也无法重回青春岁月（更多相关内容请参考《关于时间旅行的九种传言》一章）。

总体来看，似乎有相当多的人渴望回到过去，但其中大多数人渴望回归的是自身经历过的过去，真正下定决心回到过去的人其实少之又少。也许赞美过去更像是一种社交仪式，而并非真正的信念。抑或是大多数人都被搬家的实际工作量吓住了。这种迁移与空间上的移民不同，移民到另一个时代时，你与现在的亲友的联系会彻底切断，对他们来说你就像死了一样。

不过依然有一小部分人对于移居到过去抱有坚定不移的兴趣。如果你是这些少数派当中的一分子，那么这一章正适合你。

在空间中搬家时，你会试着先搞清楚其中的利弊，比如作为一名牧羊人，在新西兰生活利大于弊。在时间中搬家也是如此，只不过所涉及的范围可能更广，因此要做的调查也更多。没有缺点的完美过去是不存在的，你不可能在享受当代便利生活的同时体验过去的优势。想要搬家的人必须考虑清楚哪些东西是自己可以割舍的。

每个人的取舍不尽相同。如果你不想生活在核武器的威胁之下，就要接受同时期没有抗生素的现实。(如果把青霉素的前身——磺胺类药物包括在内，那么你会有 15 年的短暂窗口期，其间既有抗生素又没有核武器。而若要永久居留，15 年当然是不够的。）虽然过去的一些食物味道更好，但是你也将不得不永远放弃其他一些食物。

就目前的科技水平来说，搬迁是永久性的，这意味着你在遇到紧急情况时，也无法直接到现代医院就医。因此你也要把未来纳入考量，也就是你在过去的未来：牙医的麻醉技术和牙科医学的存在对你来说有多重要？搬家的好处真的那么大，以至于你甘愿承受在分娩过程中由于一些细微的问题而面临生命危险吗？

即使在今天，在非洲的一些地区，每 6 名妇女中就有 1 名死于分娩。你需要考虑的风险与这个概率大致相同。如果你在经历阵痛时听到有人建议进行剖腹产，这句话的意思是舍母保子——在 16 世纪以前，无论你在什么地区，你都不可能在手术后活下来。即使是在 19 世纪末，在剖腹产手术中你也只有 20% 的存活概率。别忘了，由于缺乏有效的避孕措施，你面临这种风险的可能性要比现在更大。

你的孩子可能不会受到过敏的困扰，至少不会比现在严重。自 20 世纪 70 年代以来过敏病例急剧增加，其中的原因目前仍存在争议。有种假设认为这是生活环境变得更加卫生而造成的。儿童的免疫系统不再忙着抵御感染，于是就产生了一些愚蠢的想法。如果真是这样的话，过去原本风险较低的过敏也将使人付出高昂的代价，因为你的孩子不会过敏，而是会感染，在没有抗生素的时代这是个很严重的问题。即使这个理论在将来的某一天被证明是错误的，也不会改变根本问题：在过去，你将不得不看着自己的某一个，甚至可能是好几个孩子死于传染病，而这些传染病放在现代很容易就能治愈。在这种情况下，你认为自己仍会坚持原来的决定吗？你希望剩下的孩子获得怎样的职业机会？你的新住地是否也为女孩子提供教育？如果孩子的问题与你无关，你对自己老年阶段的医疗状况有哪些预期呢？

在搬家前还有一个问题需要搞清楚，那就是你能否得到最低限度的法律保障。作为一个在当地没有宗族背景的外来移民，你比其他人更依赖法律提供的庇护。这个道理几乎适用于生活的各个方面：工作中、人际交往中以及家庭内部的冲突。在许多时代和地区，丈夫打妻子、父母打孩子、老师打学生都是完全合法的。请不要满不在乎地说：“这与我无关，同我一起移居到过去的伴侣为人非常和善。”暴力和虐待关系往往始于这样的想法，那就是这种事情只会发生在别人身上。在过去的大多数时代，你能够从国家获得的帮助甚至比现在更少。即使你们打算和平分手，也应该谨慎地选择时代和居住地。

作为女性，请你及时了解自己是否有权拥有并继承财产；是否有权经营生意，还是必须由男性代替你出面；以及你作为证人的证词是否具有法律效力。这里的“及时”指的是搬家之前，而不是在出现问题之后。刑法典永远值得一读——在许多时代和地区，针对妇女的刑罚都比男性更严厉，尤其是与通奸有关的罪行。这很可能意味着在强奸案中你要负全部的责任，或者至少被判定为共犯。

因此你要避开古希腊、罗马帝国（尤其是早期）、拜占庭帝国、沙皇俄国、日本、印度以及整个信奉基督教的欧洲。在古埃及、苏美尔和阿卡德帝国你也许有可能以女性身份在当地生活。在有女性统治者和女性神灵的文明中，情况可能较好一些，但不要彻底寄希望于此。从 7 世纪至 19 世纪，身为女性的你可以在伊斯兰世界定居。基督教传入前的北欧（请参考《中世纪时期的一片乐土》一章）也可以作为选项。五千年前的时代在这方面的评价也不错。社会越是向着农业、畜牧业和城市化的方向发展，妇女享有的机会似乎就越走下坡路。由于这些发生在很久以前，相关的资料十分稀少，在你真正移居之前，请务必事先通过旅行考察亲自了解具体细节。

如果你不是彻底的异性恋，那么最好不要在亚伯拉罕诸教占主导地位的时代和地区定居。请认真对待这条出行警告——在这些地区人们有时会动用死刑，特别是对于那些跟男人发生性关系的男人。若是你觉得目前的性别角色、身份认知和性取向方面的选择很匮乏，在其他文化中可能会有更广泛的选择。在欧洲以外的许多地方——包括被欧洲占领前的北美大部分地区——至少存在着第三种性别角色。这些角色身份有时很有吸引力，有时则缺乏吸引力。至于某种文化中关于这方面的行为哪些是自由的，哪些是禁止的，只有距今最近的一些时代和地区有据可查，大多数情况下你都只能到当地去寻找答案。

许多人都是冲着过去污染较少的自然环境而有意移居，借此希望可以过上健康的生活。若是你选择了特定的时代，生活中将没有移动信号塔、没有电、没有核武器和核电站、没有塑料也没有因此而进入食物中的塑化剂。一些有毒的化学物质也尚未发明出来。

你如果很重视环境卫生状况，则应该定居在人类文明诞生之前的时代（即大约 1.2 万年前），或者是定居在一个杳无人烟的地方。若是想确保有清洁的饮用水，最佳解决办法是你自己的土地上有泉水或者水井。不过，水中即使没有采矿、染色或制革的残留物，依然可能含有人类或动物排泄物的病菌。自中世纪起，欧洲的河流遭到了工业废水的污染。最糟糕的要数 19 世纪大城市的饮用水。直到 20 世纪下半叶，这种情况才伴随着污水处理厂的出现而慢慢得以改善。不要轻信当地人的说法——在 19 世纪，甚至连专家们都认为可以通过闻气味和尝味道的方式来判断饮用水是否安全。

在依靠煤炭取暖的地方，下风向的空气质量十分糟糕，从 18 世纪起这种情况尤其严重。如果你打算在这一时期定居欧洲，请确保你住在城市的西部边缘地带。不过与来自外部的空气污染相比，更严峻的问题是许多住家内部的空气污染，取暖和做饭全靠明火，只在屋顶上开一个洞来通风。在北欧，这种构造直到 12 世纪都很常见，此后才慢慢消失。在非洲和印度的农村地区，如今仍然存在用篝火做饭的情况。持续吸入烟雾会导致慢性呼吸道问题和眼睛感染，而且会缩短寿命。即使在引入壁炉之后，在很长一段时间内人们的生活空间依然供暖不足。出于这个原因，我们不建议冬季去旅行。不过既然你愿意移居到过去，你也别无选择，只能直面当时的供暖问题。

自 12 世纪起，人们开始在墙上建造壁炉。遗憾的是这种构造对房间供暖作用不大。垂直的大烟囱通风效果很好，但只有紧挨着火炉才能感到暖意，其他地方则是冷冰冰的，人们脸上流着汗，后背却冷得厉害。即使有钱也没什么好办法。1695 年 2 月 3 日，路易十四的弟媳伊丽莎白·夏洛特从凡尔赛宫寄出的信中提到，王室餐桌上的水和葡萄酒在杯子里都冻住了。

18 世纪初，欧洲终于发明出了更科学的壁炉。在巴黎，没钱建造壁炉的穷人当时还在用炭盆取暖，而这种方式很容易引起一氧化碳中毒。假如你喜欢时时刻刻都温暖的环境，可以考虑搬到韩国去，那里的地暖“温突”（Ondol）已有近七千年的历史。古罗马也使用地暖，但主要是用在公共浴场里。在中国北方，可以加热的睡台“炕”已经存在了九千年，最早是在睡觉的地方生火加热，清扫之后在上面睡觉，从两千年前起则逐步改造为从下方给床铺加热。

你也可以亲自动手，因为建造炉子和壁炉并不是造火箭那样的高科技，在移居前了解一些基本知识就够了。不过请你不要抱有幻想，认为自己能立刻说服新邻居，让他们相信你的炉子更有优势。即使是在现代，劝说一些家庭废除明火往往还是会以失败告终，因为旧的方法虽然存在缺点，却被视为一种宝贵的传统，而且新式的炉子往往更昂贵或者需要投入更多的精力去维护。

过去的食物并不像许多人想象的那样没有一点污染。早在古代美索不达米亚，人们已经在用硫黄对付昆虫了，15 世纪以后砷、汞和铅也位列其中。在有些地方，工业造成的空气污染对粮食作物的危害比现在更严重。用人类或动物的排泄物做肥料的田地都有可能让人感染寄生虫，或至少吃坏肚子。食物中的化肥、除草剂、杀菌剂和杀虫剂的残留总体比现在少，但这并不等于更健康。不幸的是，在过去的很长时间里食物都比较匮乏，人们因此往往只切除那些可见的霉菌，其余部分则含有无法通过烹饪或油炸去除的致癌物质，这样的食物会增加人们罹患肝癌或胆囊癌的风险。储存不善的食物跟今天一样容易发霉。如果你尽可能只吃新鲜采摘的食物，这个问题对你的影响会比较小——但是在冬季漫长的地区这个办法是行不通的。

对花生过敏的人如果回到过去，就不必再像现代一样密切关注食品包装上的小字配料表了。这不仅仅是因为小字和食品包装都不存在，而且在许多时代和地区，花生根本就不存在。相反，在南美洲你必须要格外注意，因为那里早在八千年前就已经有吃花生的记载了。从 15 世纪开始，花生伴随着奴隶买卖和殖民贸易被传播到了非洲和亚洲。不过在欧洲和北美，直到 20 世纪 30 年代，在食品中发现花生残留物的风险都很低。

*

也许你只是想回到几年前，购买合适的股票，然后基本按照与今天相同的方式生活下去，只是变得更富有一些。最热门的想法之一是回到 2010 年，成为比特币亿万富翁。比特币是一种数字货币，诞生于 2009 年。最初每个单位的比特币成本只有几分钱，而且不需要太费力就可以自行生产。短短几年内，它的增值速度超过了最好的股票投资。另外，回到 2010 年不需要太多适应，几乎现在的一切事物当时都已经存在：抗生素、麻醉剂、互联网甚至智能手机。尽管当时人们的生活里还没有《我的世界》和《宝可梦 GO》，电动汽车和手机话费依然高昂，奈飞也只在美国提供服务，时空穿梭机还尚未问世。但这一切离人们的生活已经不远了，你只要稍加等待即可。

这种等待是无法避免的，因为只有你留在获得比特币的时间线上，比特币计划才会奏效。你不能只是去短途度假旅行，用买条新裤子的价格购买 10 万个比特币再回来。加密货币的运输过程很轻松，也很便捷——必要时你甚至可以在头脑中完成运输。尽管如此，它们依然不适合作为时间旅行中的支付方式。所有比特币交易都被不间断地连续记录在一种无穷无尽的购物小票上，也就是区块链。我们如今所在的区块链对于你在另一个过去购买的比特币并不知情。你购买比特币的那个区块链在当前的环境中并不存在，也无法后补。每个平行过去都有自己的平行区块链——也可能干脆没有，如果是这样的话你的钱在未来会失效。当然了，这个道理反过来也适用。这样的现实一再令时间旅行者大失所望——回到现代后，他们在过去低价购买的比特币变得一文不值。

从理论上讲，你可以穿越到 2013 年夏天的威尔士纽波特市，在詹姆斯 · 豪厄尔斯[1]的办公室外等待他将旧硬盘扔进垃圾桶里。那块硬盘上有 7500 个比特币。在我们这条时间线上，它最终落入了一座垃圾填埋场，截至本书出版时它依然在那里。与你在平行的过去自己制造或者挖到的比特币不同，这些比特币也被我们现有的区块链记录在案。不过想到这个办法的人有很多，而这笔钱在当代只能花一次，因为比特币的所有权跟藏宝图有点儿像：人们知道宝藏所在的地址，被人挖走之后宝藏就不在了。之后无论谁再到那个地址去，都一无所获。

若你打算搬到过去，通过比特币、购买股票或耍小聪明来致富，请你三思而后行。除了时间旅行涉及的所有理论问题以外，你还需要身份证件和银行账户，而刚刚回到过去的时候，这两样东西

1　詹姆斯 · 豪厄尔斯（James Howells）是威尔士的一名 IT 工程师，事发时他 28 岁，硬盘所在的垃圾场位于南威尔士小城纽波特。事发后豪厄尔斯向城市议会申请在垃圾场挖掘搜索硬盘，但议会以破坏环境、成本高昂等原因驳回了他的申请。

你都是没有的。你是一个没有证件的外来者，要面对随之而来的所有不利因素。此外，在这个平行过去里你已经出生了，因此这里有两个你存在。不要忘记，另一个人——也就是你自己——对于你的时间旅行一无所知，因为他 / 她比你年轻几岁。请你远离自己，以免引起混乱以及可能出现的有关盗用身份的指控。为了避免给亲人和朋友造成困扰，请千万不要联系你认识的人。

永久定居者中有个特例，就是那些由于意外而无法返回的时间旅行者。这种情况当然有可能出现，正如人们去尼泊尔徒步旅行、去环游世界或去买芥末酱[1]同样有可能消失得无影无踪，再也没回来。人们很少会因为这样的原因而放弃出门旅行。关于幸福感的研究表明，人们能够适应任何事情，那些经历过事故或者在非自愿情况下移民、从此被迫过上了一种与从前全然不同的生活的人也是这么说的。选择度假的目的地时，如果你出于某种原则，完全无法接受在某个时代或某个地点度过余生，那么最好还是不要选择那里。

---

1 出自德国儿童文学作家埃里希 · 凯斯特纳（Erich Kästner，1899—1974）以圣诞节为背景创作的短篇故事《费利克斯买芥末酱》（*Felix holt Senf*），小男孩费利克斯在买芥末酱的途中失踪，五年后才回家。

通往宇宙诞生之初的旅程

随着太空旅行变得越来越平价、越来越受欢迎，迟早有人会想出把空间站设置在时空穿梭机里或者把时空穿梭机设置在空间站里的想法，这只是时间早晚的问题。地球上的时间旅行会受到自然条件的限制。比如你很难穿越到3亿年前，因为那时地球上没有足够的氧气供你呼吸。此外——读过前面几章后相信你对此已经很清楚了——在地球上你必须应对不断变化的气候条件，应对未知的疾病与动物，应对火山爆发和流星撞击，种种因素都使你难以在遥远的过去久留。而在大气成分稳定、有空调控温的空间站里，你可以伴着柔和的电梯音乐不受干扰地从高空俯瞰这一切。

与地面生物相比，撞击地球的巨型陨石给太空游客造成的问题要小得多。让我们假设有个直径为10公里的陨石，这与希克苏鲁伯陨石撞击事件中的小行星差不多大：在地球上，这足以造成巨大的破坏（请参考《大大小小的世界末日》一章）；而陨石击中大气层外绕地轨道上的空间站的概率则非常小。空间站这个目标比整颗行星小得多。大型撞击固然会将石头抛向外太空，但这些石头分布在巨大的空间内，而且它们的体积不算太大。此外，这样的事件也极为罕见。至于太空中的人造碎片则是最近几十年才出现的，在那以前你不会受到它们的影响。

太空游客面临的主要挑战与之前提到的种种截然不同，那就是无聊。对太空旅行已经有所了解的人不会太过惊讶，而不了解太空旅行的人第一次进入太空时肯定会抓狂，这种经历不需要时空穿梭机就能体验到。宇航员们一致认为，从太空观察到的地球，就像一个活生生的生物：飞驰的云层、海洋中的浮游植物形成的碧绿漩涡、在黑色背景的衬托下光彩夺目的太阳、呼啸而过的流星，以及神秘莫测的极光像幽灵般缭绕在南北两极。在当代你也能够欣赏这一切。日复一日，这些景致不会发生太大的变化。环绕地球几圈之后你便什么都见过了。失重也是让人很快感到烦躁的原因之一。即便如此，假如你依然决定踏上宇宙诞生之初的时空穿梭之旅，为了避免你死于无聊，下面有一些实用的建议。

请不要前往那些停留在地球上空同一位置的卫星度假。这些航天器被称为地球同步航天器，其轨道距地表 3.5 万公里，从这个高度你看不到太多景象。前往那些每天以较近的距离环绕地球运行数周的卫星，或许可以收获更加激动人心的体验，比如历史上著名的“国际空间站”（ISS）。从这里，你不必借助望远镜就能看到地球上绵延数千米的各种构造和灯光。人类现代文明的痕迹显而易见，城市、高速公路、水坝、桥梁、工业区，以及飘过地球上空的云层。此外，这颗行星夜晚的那一面闪烁着星星点点的光，好似圣诞节到来之际被灯火装点的步行街。

只有少数历史事件是你绝对应该从太空中饱览的。这里有一条特别的出行建议：1961 年 10 月 30 日上午，“沙皇炸弹”[1] 在北冰洋的俄罗斯群岛新地岛上空被引爆，这是有史以来最大的人造核爆炸。场面极其壮观，但不会有什么伤害——起码你待在 1000 公里之外的大气层外是没有什么影响的。爆炸产生的火球直径有 10 公里，蘑菇云的直径甚至达到了 100 公里。即便身在太空，你也不可能错过这一场景。

1908 年 6 月 30 日，一个大型天体在西伯利亚上空爆炸，这便是通古斯大爆炸[2]。只有少数人目击了这次剧烈的爆炸。它释放的能量与“沙皇炸弹”的能量相近或略小。请注意：在这种情况下“炸弹”是来自太空的。如果直到你踏上旅途时陨石的飞行轨迹比截至本书出版时仍未得到进一步精确，那么保险起见你最好还是再等一等。

倘若你回到 500 年前，就会发现地球表面看起来与今天截然不同，换句话说就是更加无聊。云层依旧在地球上空飘浮，然而若想看到人类的痕迹，你必须非常仔细地观察才行。吉萨金字塔群可以用肉眼看见，特别是当太阳处于特定的位置时，金字塔会在沙漠里

1 “沙皇炸弹”的正式名称是 AN602（俄语：AH602），是冷战期间苏联制造的空投核武器，也是人类至今引爆过的所有炸弹中体积、重量和威力最大的炸弹。总共制造两枚，其中一枚用于试爆，另一枚作为研究与备用得以保留。

2 通古斯大爆炸发生在该日上午 7 时 17 分，爆炸地点在通古斯河附近、贝加尔湖西北方 800 公里处，据目击者称有 3 人死亡。由于通古斯地区偏远，加上随后发生的第一次世界大战、俄国革命与内战等变动，导致事发时的相关研究很少，人们是在近 20 年后才开始调查陨石撞击的确切地点以及对周边环境的影响。

投下清晰的阴影。但拉丁美洲那些较小的金字塔已经难以辨认。在欧洲，你能看见一些教堂，例如伦敦的圣保罗大教堂的原建筑和法国的斯特拉斯堡大教堂，在这种情况下也是留意教堂投下的阴影比较好。影子可能比教堂的塔楼长得多，而且在俯视图中也更容易看见。伊斯坦布尔的圣索菲亚大教堂：非常小，不显眼。到了晚上你什么都看不见，也许只能看见森林火灾。除了火山爆发、北极光或流星这样的重大自然事件之外，什么都不会发生。连续几百万年，什么都没有。只有云层从地球上空飘过。这将是一次昂贵而沉闷的假期，但是人们想怎么花钱是他们自己的事。

如果你逐渐向过去回溯，你将一次又一次地看到地球的不同形态。回到 1000 万年前，你会渐渐注意到大陆板块正在漂移。回到 1 亿年前，世界地图将与我们今天熟知的地图没有任何相似之处。若能看见这个景象，大陆漂移说的发现者阿尔弗雷德 · 魏格纳也许会愿意为之付出不菲的代价（请参考《小修小补》一章）。若要打发时间，你可以试着猜测哪块大陆日后会成为欧洲、哪块又会成为澳大利亚。此外就再没什么事情可做了。不过总有许多云彩可以看。

3.8 亿年前，地球上首次出现了类似森林的东西。这种植物叫作古蕨（*Archaeopteris*），是一种像蕨的树，或者像树的蕨，总之是一种高大翠绿的植物。地球上许多原本呈棕色或灰色的斑块会逐渐变成绿色。每隔一段时间，你就会发现地球进入了冰期，被大片白色的冰川覆盖。最为震撼的冰期也许要数那次始于 7.2 亿年前、持续了近 1 亿年的冰期。有人认为，在这次马林诺冰期期间，地球的整个表面都被冻结了[1]。花一整个假期从高空俯瞰闪着蓝光的单调的冰层——对某些人来说这也许会很放松，而对另一些人来说则感到很压抑。云层依然从地球上空飘过。

7 亿年也不过是我们这个星球历史的一个片段。给你提个醒：地球有 45 亿年的历史。从远处来看，绝大多数时间里它都平淡无奇，但至少安全、和平。相对充满变故，也因此变得危险的是大约始于 40 亿年前、持续了约 5000 万年的一段时期。这一时期被称作“后期重轰炸期”，是地球历史上最大规模的一场流星雨，可谓是自然界的星际战争。小行星、微型行星、彗星从你耳边呼啸而过，如同房屋、城市、小国家般大的陨石撞向地球和月球，形成数千个陨石坑，有的甚至跟一个小国一样大。月亮发出光芒，又蒙上尘埃。然而对于这一切我们并不确定。实际情况也许完全不同，这些撞击事件分散在 5 亿年的时间段里，后期重轰炸期也有可能跟其他时期一样平淡无聊。

不过有一点是公认的，那就是地球在诞生之初的 1 亿年里确实动荡不安。那是距今 45 亿至 46 亿年的一段时间。地球是个发光的岩浆球，被各种大大小小的岩石形成的漩涡所包围。月球就是在这个早期阶段的某个时刻形成的，这是地球的前身与另一个与火星差不多大的行星互相碰撞造成的结果——至少大多数权威人士是这么

1 马林诺冰期（Marinoan glaciation）得名于澳大利亚南部冰期沉积地层当中的“马林诺”组。地球全部结冰的现象在地质学上被称为“雪球地球”（Snowball Earth）。

认为的。如果人们知道这一灾难性事件发生的确切时间，就可以在穿越时空时准确地避开（或者至少提前把空间站停在几百万公里之外）。遗憾的是人们并不清楚撞击发生的确切日期。可以确定的一点是它不可能发生在太阳形成后的最初 5000 万年里。总之你要做好准备，你对月球的形成的实际体验可能会比预想的更加真切。

假如你去更接近太阳系起源的时代旅行，就不得不接受没有月亮的现实，此外还要穿得暖和一些。试想，如今地球上存在的所有物质必定要在某个时刻被组装到地球上。在最初的几百万年里，这些物质大多如雨点般落在了年幼的地球宝宝身上。这个成长过程给时间旅行者带来了两个问题：一是你可能会被其中的某块巨石砸中，随它一起掉在地球上。（别担心，在遥远的未来，地质学家不会注意到 45 亿年前有几个倒霉的游客被地球早期的岩浆煮熟了。）有一点或许没必要再次强调，在太阳系形成的早期阶段，只有富有冒险精神的人才适合去空间站。不过在这个时期至少发生了一些重大事件。

第二个问题是：你去的时代越早，地球就越小。早到某个时刻，它根本就不存在。你将置身于一片由气体和尘埃构成的星云中，这片星云呈盘状，在太阳周围蔓延开来。与地球上的云雾相比，这个原行星盘仿佛一碗稀薄的汤，其密度为每立方米百万分之一千克（作为参照，空气的密度约为每立方米 1.2 千克），然而这片星云太大了。你所在的空间站置身于盘子之中，无法看见太阳，也就无从判断太阳是否存在。太阳的年龄只比地球大几百万年，对旅行时间稍有误判，你就会落到一个彻底没有太阳的时代。

这样一来，你几乎已经抵达了无聊的巅峰。假如你回到了比45亿年更久远的年代，就会来到漆黑的宇宙世界。没有地球供你俯视，也没有太阳通过空间站安装的太阳能电池为你提供能源。没有强劲的电池，你就哪儿也去不了。空间站只能在太空里飘荡，经过极其漫长的旅途绕过银河系的中心。除了星星，再没什么可看的东西。如果你需要粗略的时间规划：就视觉感受来说，在太阳系形成前的50亿年里宇宙看起来都一样。如果你有合适的仪器，你可以观测到恒星的化学成分正在逐渐发生变化。时间越长，恒星中产生的氧、碳和氮就越多，并逐渐散入太空。你可能会注意到银河系中的大尺度结构的变化——螺旋臂、从这边运动到那边的星流、星团和巨型星云。不过你必须仔细观察才能注意到这些现象。除此以外，你也可以完全不受打扰地读书，从头读到尾，至少能不受打扰地读到空间站的电池用光，最先消失的是光，然后是氧气。

此外，恒星和星系也并非一直存在于太空之中。在最初的几十亿年里，银河系变得越来越大，恒星渐渐聚集在一个层面上。如果你穿越到一百多亿年以前，从空间站的窗口向外望去，你看见的母星系将不会是天空中的一条明亮的带状星河，星星会均匀地分布在整个天幕中，而且数量比今天少。如果你想见证第一批恒星的诞生，那么至少要回到130亿年前。若再往前追溯，回到大约137亿年前，你就抵达了一个没有星星的时代，那绝对是无聊的巅峰。人类从未见过这样黑暗的岁月，“见过”这个词不够贴切，因为根本就什么都看不见。整个旅途中如果你望向窗外，看到的只有一团漆黑，你甚至会渴望回到一个至少有星星的时代。或者云也可以！一个云雾王国。

这时距离大爆炸只有一亿年的时间，换句话说就是触手可及了。距离大爆炸发生 100 万年前，空间站的旅客会发现天空不再是一片漆黑，而是呈现出暗红色或者橙色，这取决于你到达的时间。如果空间站外设有温度计，你会发现宇宙的温度正在上升。宇宙在发光。时间再靠近一点，距离大爆炸发生大约 40 万年，舱内的温度会热得令人无法忍受，舱外的温度计会显示有几千度。防热罩也会失效，所有原子都会在初生宇宙强烈的辐射场中衰变。宇宙飞船会解体，时间旅行者也会随之解体。

PART 2
第二部分

让世界变得更美好，就是这么简单

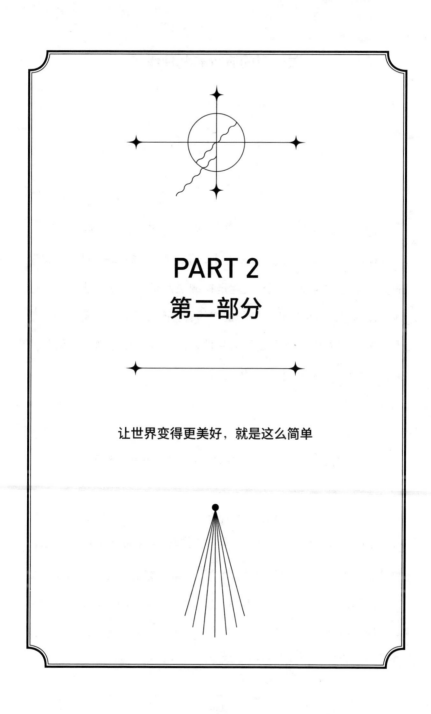

关于时间旅行的九种传言

过去，有许多关于时间旅行的恐怖故事。其中有些故事原本建立在严肃的科学观点的基础之上，但这些观点后来被证明是错误的。另一些故事则从一开始就是在胡说八道，至今依然是无稽之谈。在这里，我们收集了流传最广的有关时间旅行的九种传言。至于历史上的人们在这方面绕的其他弯路，你可以在《时间旅行简史》一章中读到更多相关的内容。

1. 人们只能去已经有时空穿梭机的时代旅行。

这是所有传说的起源，也是流传时间最久的一种说法。直到21世纪，物理学家仍然认为人们不可能穿越到尚未发明时间旅行的过去。不过，在时间旅行方面做了大量研究的物理学家戴维·多伊奇推测，人们或许可以利用外星人在过去建造的时空穿梭机。但就连他也更倾向于这样一种观点，那就是人们不能随心所欲地经常进行时间旅行，也不是每个人都能够踏上时空之旅。

从某些方面来说，这些怀疑派的观点是有道理的：时间旅行的目的地没有为抵达的旅客准备的专属房间，没有接应的机器，也没有时空火车站或者机场。这种说法基于一个误解：在很长一段时间里，人们认为要想进行时间旅行，就必须在时空连续体中打一个结，而这个结必须先以某种复杂的方式创造出来。事实上，最早的时空穿梭机确实只能在这种结的帮助下工作。后来人们发现了其他穿越到过去的方法，这些方法不需要事先创造时间环路就能够实现。你可以把这种方式想象成一只从足球场一端移动到另一端的皮球。球从对应于我们正常时空连续体的绿色草皮上起飞，飞过这片草皮上方的空间（也就是空气），然后再次落到球场上。在它到达的地方并不一定要有人来接球。人们要做的只是事先计算出球的飞行轨迹。换句话说：你要学会如何瞄准目标。

如今你可以任意选择旅行的地点和年份，无论距今多远，关键是在于这些路线是否事先经过仔细的测试。就算你想去的地点还没有经过检验的旅行路线，你一定还是能找到声称可以将你精准送达目的地的人。尽管没有飞机跑道，历史上的航空先驱者还是飞向了澳大利亚和北极，只不过他们降落在了田野、冰川和沙丘上，遇到紧急情况时还不得不跳伞。选择未经测试的路线进行时间旅行也是如此，不过此番体验比经典的文艺复兴时期食宿全包的旅行套餐价格更贵，路途上的波折也更多一些，而且如果你不巧正好坠落在第二次世界大战的战场，人人都会说这只能怪你自己。

过去没有时空穿梭机的缺点只有一个：你无法在几个时代之

间连续穿梭旅行。你不能穿越到中世纪，从那里直接穿越到古典时代，而是要先回到现代进行中转。时间旅行就像在英国坐火车旅行：你总是要路过伦敦。

2. 穿越到过去，你会变得更年轻。

有些人会煞有介事地声称，如果你穿越到十年前，在那里你也会年轻十岁。更有甚者：如果你穿越到早于自己的出生日期的时代，你就会不受控制地解体。或者反过来：斯坦尼斯拉夫·莱姆的《星际旅行日记》讲述了一位名叫莫尔特里斯的物理学家的经历，他搭乘自己刚刚发明的时空穿梭机前往未来，想知道最终是谁资助了他的研究，然而飞速驶向未来的同时他也在迅速衰老，直至死亡。最终，时空穿梭机变成了一个死亡陷阱。

事实并不像这个故事所呈现的那样。早在时空穿梭技术发明前这一点就十分明确了。举个例子，2009 年，美国物理学家肖恩·卡罗尔写道："我们对时间的切身感受是由我们大脑与身体中的生物钟决定的，这种化学和生物过程的节奏是可预测的。"人体遵循的时间不会因为你买了一张通往过去的票，在箱子里坐了一会儿，到达中世纪就突然加速或者倒退。生物钟依旧漠然地嘀嗒作响，这意味着无论你前往的时代多么久远，你在过去度过了一个星期，你就会正好变老一个星期。长生不老固然是个很有吸引力的目标，但时间旅行并不是实现这一目标的途径。

3. 通往过去的道路只有一条，也就是我们来时的路。

这个可笑的说法紧随着第二条传言而来。有段时间，人们曾当真相信若要进行时间旅行，唯一能够采取的路径就是我们长期以来日复一日地走到今天的这条路。从前人们还认为，若要从柏林到慕尼黑去，就真的要从柏林步行或乘车到慕尼黑去。对于时间旅行而言，这样的旅行方式会造成荒谬的后果。在通往最终目的地的路上，人们会“途经”各种各样发生在过去的事件。然而事实是无论在空间上还是时间上，我们都不局限于这一条路径，不仅如此，这条路径对于时间旅行来说也极其不便。我们并没有局限于自己碰巧生活在其中的这个时间维度。我们大可以便捷地经过中转区，抬起双脚，而不必理会自己正匆匆穿过的那些岁月。

4. 穿越到过去的人只会抵达一个空旷的空间，因为当时的地球处在不同的地方。

地球以每秒 30 公里的速度沿着环绕太阳的轨道运行。太阳则以更快的速度绕着银河系的中心飞驰。银河系的这个中心又在相对于其他星系移动。没有什么是静止的。如果你在这个三维旋涡中通过时间向前回溯，却又不改变自己所处的位置，那么你很有可能会抵达某个虚无的地方，落到行星、恒星与星系之间的空间里。窒息、冻死或其他不愉快的死亡方式几乎将是你必然的下场。过去人们就是这样告诫自己的。

这当然是胡说八道。我们的导航永远以地点的相对位置为标准，而不是在一个并不存在的绝对空间里。一个永恒不变的地方该是什么样的？宇宙中的万物都在不断运动，空间在不断变形，宇宙本身也在像橡皮筋一样扩张，永恒不变的地方只是一种幻觉。大爆炸无处不在。万物都可以出现在任何地方。

解决方案就是采用相对位置。地球表面地点的坐标都是依照人为确定的点和线来定义的：赤道、本初子午线、两极。假如你乘大巴从马格德堡到莱比锡去，你不会提醒司机在驾驶时要将太阳围绕银河系中心的黑洞所做的运动考虑在内。只有在明确的参照系内谈论地点才是有意义的。如果你想在宇宙这个不断扩张的灵活空间里给莱比锡定位，这根本无法实现。

穿越时空的过程中在中转区导航也是这个道理。我们不必纠结自己此刻正位于宇宙中的哪个位置。时间旅行在哪里开始就在哪里结束，出发点和返回点都是地球表面的某个地方，它与地心、赤道、两极的距离都不会改变。这并不意味着一切事物都会自动保持不变。地点会随着时间的推移而发生变化。城市出现又消亡；山脉形成，之后又被风和水的力量侵蚀成尘埃；湖泊干涸；大陆漂移。

作为时间旅行者，你要担心的是这些问题，而不是银河系的中心或其他远在数千光年以外的东西。时间旅行远没有你想象的那么诡异。

5. 穿越到过去的人会在当下化作一缕烟，消失得无影无踪。

时间旅行类似于瞬间传送——从前有许多人都是这么想的，特别是科幻电影的制作人员。你踏进一间电话亭似的房子，按下一个开关，然后你就会消失——变变变——你重新出现在了另一个时间，比如一个小时以前，然后跨过一道灯光闪烁的大门。这个过程大多都伴随着巨大的惊奇感，心跳加速，兴奋不已。有时穿越结束后你会非常口渴。还有更糟糕的：在时间旅行中，你此刻拥有的身体会被摧毁，并在过去重建。大脑、四肢、胆囊，一切都在烟雾中化为乌有，然后一个个原子被精心传送到过去，在那里重新组装。然而，你在过去接收到的新身体在复制过程中出了错，不久就报废了。根据传说，时间旅行只发生在一瞬间，而且场面极其混乱。

实际上，时间旅行并不是个瞬间发生的过程。时间旅行也需要时间，诚然，它需要的时间不会像按部就班地穿越到过去那么多（见第三条传言），但它依然需要时间。人们或看电影，或盯着前排的座椅靠背，或试着睡一觉，或被发点心的人吵醒，窝火一阵然后继续看电影。人们会跟坐在旁边的人抢占座位之间公用的扶手——

当然，你若是愿意为扶手额外付费的话另当别论。换句话说，在时间中旅行跟在空间中旅行一样，有时很有趣，大多数时候很枯燥，它就像是一场考验耐心的游戏，花费的时间总是比你想象的要长。

没有闪电，没有频闪观测仪，没有烟雾也没有电话亭。你现在随身携带的这具躯体依然与你同在，它所有的优点和缺点都一如既往。不过人们确实会感到口渴。起初，这一切肯定会让回到过去的人深感失望。新兴技术并不是魔法，当你拧开一台新设备的背面罩板，映入眼帘的依然是纠缠不清的电缆。

6. 要是在过去杀死了一只蝴蝶，就会改变整个历史的发展进程。

在雷·布拉德伯里的短篇小说《雷霆万钧》中，一群人穿越时空回到过去猎杀恐龙。在这个过程中他们必须极其谨慎，以免改变过去，比方说他们只允许猎杀那些本就快要死掉的恐龙。其中一名猎人埃克尔斯见到霸王龙后被吓得魂飞魄散，拔腿而逃。他跑上一条小路，踩死了一只蝴蝶。等旅行者们回到了现代，却发现一切都发生了变化。文字的拼写方式不同，颜色也不同，而且赢得总统选举的人是个奉行极权主义的独裁者。

在其他作品中，人们也见过与之相似的事件。事件的起因也许不是一只蝴蝶，而是一条蠕虫、一只老鼠或一只甲虫，它们的死亡让世界变得天翻地覆。在一部动画片中，主人公在尝试修理面包机时无意中制造出了一台时空穿梭机。他在白垩纪拍死一只蚊子后创造出了一个恐怖版本的现代世界，在这个世界里，独裁者切除了臣民的部分大脑，使他们变得驯服。主人公只好一个接一个地尝试不同的历史版本，杀死不同的动物和植物，每次都会创造出新的怪异的变种。最后他来到了一个跟以前几乎相同的世界，他终于满意了，唯一的不同是他的妻子和孩子们的舌头长得出奇，而且会用舌头舔盘子里的食物吃。

这背后的想法可能是历史的发展进程就像多米诺骨牌：你在开始时打翻一张骨牌，则会有无数张骨牌随之倒下。如果一只老鼠在命不该绝的时候死去，它所有的后代即数百万只潜在的老鼠也同时被消灭了。以老鼠为食的食肉动物没有了食物，整个生态系统也都随之动摇，于是史前人类可能会找不到任何可以吃的东西。

实际上，我们的行为给事件进程造成的影响比从前人们想象的要小得多。首先是旧版本的世界——也就是你出发的那个版本的世界——完全保持不变。人们无法对其造成任何改变，木已成舟。时间旅行这一行为本身把你带到了一个此前并不存在的新版本的世界。你在过去所做的一切都会带你走得离自己出发的那个世界越来越远。但你无法偏离那条原始的路线太远，其原因很简单，你还没来得及偏离太远，假期往往就已经结束了。

与此同时，人们已经通过实践多次证实了一点，即人们在假期中采取的各种行动创造出来的平行世界彼此之间大多极为相似。你所改造出来的过去与历史书里的过去几乎没有区别。也许在另一个版本的历史中，披头士乐队不是在1969/1970年的冬天解散，而是在几个月后才解散；达尔文搭乘的那艘船不叫“小猎犬”号而是“小狸犬”号；抑或是彩票的中奖号码发生了改变。然而，不会有太多别的事情发生，事件的发展过程总是惊人地一以贯之。

对于大陆漂移、物种进化、气候演变、科技进步或父权制的终结等长期过程来说，这一点尤为真切。你在白垩纪搬动几块石头，对于这些进程的发展不会造成什么影响。给世界真正带来持久性的改变并非绝无可能，但这需要大量的时间和精力，比我们当中大多数人的度假时间更长（更多内容请参考《改善世界的困难之处》一章）。其实你在时间旅行中做出的大多数改变，无论是有意而为还是无意为之，无论是激进的还是温和的，在几乎所有的平行世界中都是无足轻重的小事。

7. 如果你在过去不小心遇见了另一个自己，那么两个版本的你都会消失在逻辑的迷雾中。

这其实是个美好的画面：片刻的惊讶，接着彼此相认，两个自我同时冒出了“那是我啊！”的念头，因为这是同一个人、同一个大脑在思考，只是年龄不同。随之而来的是一个新的念头，它也同时出现在两个实为同一个的大脑中，它意识到这一切即将结束，就像挂在悬崖边的人即将下坠的那一刻意识到的事情，就像《兔八哥》动画片里的歪心狼那样，然后“扑通！”一声，对同一个人的两个版本而言死亡来得简单且毫无痛苦。哪怕对局外人来说这个场景也很温和，没有流血，没有尖叫，没有悲怆的遗言。

然而，这样的场景与实际情况相差甚远。你当然可以与自己见面。无论未来的人做了什么，那个日复一日生活在过去的人依然会继续存在。你穿越到过去并不会导致年轻时的你自我消解。相反地，由于一贯性的缘故，这个人必须存在。你前去旅行的那个平行宇宙与你离开的那个宇宙完全相同——唯一的例外是你作为时间旅行者而存在。事物和人都不会轻易消失，也不存在任何悖论。

你也可以与年轻时的自己互动，只是不要指望能看见烟雾。你由此改变了世界的进程，但这是另一个世界，而不是你来自的那个世界。你登上时空穿梭机前往过去，而你出发的这个世界依然存在。另一个世界里则会写下你的新传记。世界在纠正自身的错误时并不会出现烟雾。烟雾并不是解决问题的好办法，只是一种廉价的把戏。

由此人们还可以澄清另一个误解：不要以为你可以穿越到一天、一个星期或者一年前，将你自那以后的生活重新来过，避免你曾经犯过的所有错误。你做不到，暂且不提你现在看起来比当时更老，很难再假装自己 14 岁。至于当时那个总是做出错误决定的你很可能还会这么做。对于你为他 / 她提出的好建议，他 / 她的接纳程度跟当年别人对你提出好建议时你的接纳程度是一样的。当然了，你也可以消灭从前的自己，或者把他 / 她关在某个地方以阻止他 / 她做傻事。但这种做法无论在道德上还是在法律上都会被认定为是谋杀或者剥夺他人自由的行为。请你对以前的自己好一点儿，或者采取更好的办法，那就是不要多管闲事。

8. 人回到过去，就可以为所欲为。

既然有各种版本的宇宙存在，其中肯定包括这样的宇宙，我在其中的行为举止就像闯进瓷器店的大象一样。既然如此，我就是彻底自由的，因为无论我做什么都不会造成后果。反正我出发的时代依然存在：我可以穿越回去一走了之，一切都跟从前一样。

这个想法乍听上去很奇妙，像是全世界最棒的儿童生日派对，然而它紧接着便会引发一场重大的意识危机：人们亲自做出的决定到底有没有用？多元宇宙中的生命究竟有没有意义？

这两个问题的答案都是：有。多元宇宙和平行世界的存在，并不能改变你要对自己的行为造成的后果负责的事实。每一次时间旅行、每一个决定、每一个行动、每一个愚蠢计划的实施都会使你进入新版本的世界。你的一切行为都会产生后果，即使这些后果通常很微小。所有日常行为规则都依然适用。与人（或者动物）打交道时请你保持友好的态度。请不要故意损坏物品。除了回忆，什么都不要带回家。不要在当地留下任何东西，不要留下垃圾，不要留下特百惠饭盒，不要留下手机（关于这一点，在“关于时间旅行的实用建议”部分有更多相关内容）。

9. 时间旅行者肩负着拯救世界的使命。

时间旅行者曾经相信这样一种观点，那就是他们必须为世界除害。例如回到过去，在阿道夫·希特勒还是个孩子的时候把他杀死，通过这种方式防止第二次世界大战的爆发和大屠杀的发生。但这可能吗？你当真应该这样做吗？从一方面来说答案是“不可能、不应该”，从另一方面来说答案则是“有可能”。

答案之所以是“不可能、不应该”，是因为你出发的那个版本的历史仍然未被触及。在这次时间旅行中，你经历的不是你出发的那条时间线上的过去，在这个过去里时间旅行者是不存在的。你经历的是另一个过去，也就是你作为一名时间旅行者登陆的那个过去。另一个时代——也就是发生了种种你想要消除的恶行的那个时代——依然在有条不紊地继续发展，希特勒掌权，数百万人死去。以改善自己旅行的时代为目的，这个出发点不足以为你在过去的种种行为辩护。现代世界是不会发生改变的。唯一的改变是返回到这个时代时，你变成了一个曾经在另一版本的历史中杀死过一个孩子的人。

答案之所以是“有可能”，是因为在你所处的平行世界中，经过你的干预，希特勒后来不复存在——这也是你的意图所在。然而还有一种可能，那就是在这个世界、在这条特定的历史分支里，第二次世界大战并没有发生，大屠杀也没有发生。但是没人能对此打包票。也许有其他人接替了希特勒的角色，也许在导致第三帝国成立的种种因素中社会环境比任何个人占的比重都大，也许还会发生更糟糕的事情——比如一伙不受希特勒领导的纳粹抢在美国人之前发明出了原子弹。就算一切顺利，就算第二次世界大战得以避免，你迟早还是要回到自己生活的那个旧世界去，在那里，战争的遗迹遍地都是。

顺便说一句，就算你穿越到过去，不杀死希特勒，你依然难逃其咎。因为这样你就通过时间旅行创造了一个平行世界，这个世界可能与你出发的世界一样，会发生种种可怕的事件。受害者的数量也因此而翻倍。这一点不仅适用于前往第三帝国以及它正式建立之前的时代的旅行，也同样适用于其他通往过去的旅行。

对此我们有一些非强制性的建议：请不要在过去犯下杀害儿童的罪行，而是应该在第一次世界大战爆发之前几年从一个名叫希特勒的青年画师那里买几幅画。出手阔绰些，不必太在意你购买的究竟是怎样的画作。当然了，这项交易究竟将对未来产生怎样的影响尚未可知。但它至少提供了一个机遇，作为一名颇有成就的画家，阿道夫·希特勒也许就不会产生将半个欧洲化为废墟的念头了。

改善世界的困难之处

✦

历史进程并不像马拉松那样是线性的，每个人都朝着相同的目标前进，经过的距离差别不大，只是速度有快有慢。历史也不是遵循钢铁般的定律、最后以实现乌托邦而告终的宏伟计划。另一方面，历史也不同于飞行棋游戏，当你一路领先时并不会被别人送回起点，重新开始。偶然事件对历史的形成造成的影响比我们预想的要大。这个混乱的状况有些丑陋，没有计划，没有连贯性，也没有目标。

因此在历史中寻找某种博大的、包罗万象的体系是没有意义的，尽管许多时间旅行社都会做出这样的承诺："现场见证科学如何战胜宗教！""诞生之初的西方世界，脐带还没断呢！""世界级大事件：人类如何摆脱自己造成的不成熟状态！[1]"——"民族大迁徙[2]，彩色实况直播！欢迎参与其中！"

---

1 此处化用了康德在1784年发表的文章《对以下问题的答复：什么是启蒙？》中的句子。

2 民族大迁徙在西方历史研究中是指4至7世纪间在欧洲发生的一系列民族迁徙运动，通常认为始于公元375年来自亚洲的匈人入侵欧洲，结束于公元568年伦巴第人彻底征服意大利。此时西罗马帝国逐渐衰落，以日耳曼人、斯拉夫人、匈人为首的外来民族进入罗马帝国领地，带来了持续的战争，最终导致了西罗马帝国的灭亡，东罗马帝国受到波及则较小。

就算是找到了那几个对历史进程起到过所谓决定性影响的人物也没有用。我们认识的每一位科学家、艺术家、作曲家、发明家背后都有几十个与他们角色相同的人，这些人或是声望较小，或是姓名渐渐湮没在了时间长河之中。尤其是女科学家、女艺术家、女作曲家和女发明家，后者往往就是她们最终的命运。生活在非洲、澳大利亚或美洲的这些人也是如此，倘若他们不是欧洲移民的后代，这种情况还会更甚。此外还要注意报道的片面性：如果后人对某个历史人物只有最崇高的赞美之词，那么几乎可以肯定这些话语与真实的人物之间其实没有多少关联。

历史是一个由各种事件组成的网络，这些事件在空间和时间中随机地彼此相连。我们都是这个网络中的交点。每个时代都有聪明人存在，每个时代也都有好的点子，然而要想真正促成改变，这些好的想法必须在正确的地点、正确的时间出现在正确的头脑中，否则它就会渐渐消逝。

这些联系是随机的，看似微不足道的小事彼此结合，造成了巨大的改变。大多数情况下，事态的发展既不是向前也不是向后，而是迈着小碎步来回走，直到某些东西聚合在一起，事后回想起来才发觉其中的意义；或者直到两块彼此相连的拼图碰巧出现在一起。人们不得不承认：大部分时间根本就是被浪费了，尤其是当你试图在历史进程中找到一个宏大的目标。

你不必为了体验那些载入史册的关键时刻而专门前往某个特定的地点或时间，因为这个过程不只发生在特定的时间、在少数几个地点，而是无处不在、始终如一。历史的发展进程既没有呈现出衰弱的迹象，也没有一个最终的目标。这两者都只是传言而已，是为了坚定人们的信念而创造出来的。

社会本身没有从历史上著名的错误中吸取教训，但这并不影响社会环境在某些方面有所好转，变得更舒适更便捷：致命的疾病越来越少、房屋供暖效果更好、牙医有了麻醉剂。时间旅行者越是深入过去，就能越迅速地意识到这一点。然而现代并不比过去更加文明，现代人也没有比过去的人更加友善。在自然科学领域没有人会再犯与五百年前相同的错误，如今没有一个天文学家会说："托勒密[1]的观点是正确的。"但是世界的方方面面未必都像自然科学那样进步显著。时间旅行者难免会灰心丧气，自问过去了这么长时间，人类究竟取得了什么成就。

人们也许会想，不是所有的转变都要耗费这么长时间，毕竟我们已经知道了过去一些问题的解决办法。时间旅行的文献里有许多关于如何缩短历史的建议。在里昂·斯普拉格·德坎普于 1939 年出版的小说《唯恐黑暗降临》中，主人公穿越到罗马帝国，在那里发明了印刷机以及其他先进事物，从而为人类历史节约了几百年。这种项目的初衷是好的：毕竟过去人们的生活有时不像现代人那样舒适。他们的寿命也更短，会因为疾病失去自己的孩子，而这些疾病在今天看来都是可以预防的；夜里他们也无法躺在床上看书，因

1　克劳狄乌斯·托勒密（Claudius Ptolemy，约 100—168），数学家、天文学家、地理学家、占星家。他出生并生活在埃及，但历史学者认为他是希腊裔，用希腊语写作。他提出的地心说盛行了 1400 年，由此发展的以地球为中心的宇宙模型被称为托勒密系统。

为没有灯、没有书，甚至可能没有床。然而这些弊病没有那么容易消除，现实中一些事情要比时间旅行小说中更复杂。

无论新的发明如今看来多么实用，其诞生之初都很少受到好评。就连没体验过时间旅行的人也能明白这一点。以电灯为例，在应用之初就曾引发争议，书籍的使用也同样引起过争议。在 19 世纪，麻醉技术曾遭到诸多医生的反对。医院引入新的卫生标准时也常常会遇上很大的阻力。19 世纪中期，匈牙利医生伊格纳兹 · 塞麦尔维斯意识到产褥热与医院卫生状况不佳之间存在关联，可他却遭到了批评与嘲讽，只有少数同事认真对待他的观点。他年纪轻轻就死在了精神病院，而且其中的缘由颇为可疑。英国外科医生约瑟夫 · 李斯特[1] 通过对伤口进行消毒提高了病人的存活率——然而在批评者眼中，这两者之间并没有什么关联，这些好看的数据或许更应该归因于室内通风条件的改善！（请参考本书末尾的推荐书目部分。）

既然当时人们连专业人士的意见都不愿听取，那么你作为一名时间旅行者，成功推广某个好想法的可能性也不大。换作是你自己，面临健康问题时想必也更愿意相信当代的专业人士，而不是某个过路的游客。当然了，你可以对个体伸出援手，送上一些止痛药或者抗生素。这样的做法固然是善举，却并不会改善医学的总体状况。你无法阻止黑死病和霍乱的流行，奇迹般地给人治好一次病并不能算是社会的整体进步。

---

1 约瑟夫 · 李斯特（Joseph Lister，1827—1912），英国外科医生，1895—1900 年担任皇家学会会长，1902 年获封英国功绩勋章，他是外科手术消毒技术的发明和推广者，被誉为“现代外科学之父”。

战争时期虽然不适合旅行（请参考《战争的阴暗面》一章）但是在这种时候人们对新鲜事物的抵触情绪也许会有所减弱。与相邻的村庄、城镇或国家关系紧张时，统治者往往比较愿意购入新事物，一个典型的例子就是致命的超级武器，然而在过去贩卖军火和在今天一样都应该受到道德谴责。也许你能设法帮助参战的其中一方获得某种枪炮，以此缩短冲突持续的时间，但几年后所有参战方都会拥有你的超级武器，而你会作为魔鬼的帮凶被载入史册。在持续时间长、伤亡惨重的战斗中，医疗方面的改进可能比和平时期更容易推动。而且，由于各部门的专业人员都在忙着应对战争，勇于尝试的新入行人员和此前便从事该行业的妇女的地位也许会有所提升。不过别指望以这种方式促成的变化能够在战争结束后保留下来。

即使你设法找到了对某项创新感兴趣的人，用这种创新来改善世界也没那么容易。创新事物往往很快就会被禁止，例如自行车（请参考《两个简单的发明》一章）、咖啡、靛蓝染料、纺车等。尽管这些禁令日后往往会被放宽或解除，但是对于那些想靠它们改善世界或者赚大钱的人来说这算不上什么安慰。要想拒绝一项创新，只需要这个新鲜事物“不是本地的”这一个理由就够了，天花疫苗就是例子（更多相关内容请参考“关于时间旅行的实用建议”部分）。纸张在德国推广的初期也遇到过困难，因为纸来自非基督教国家。

因此，人们需要的是一种和平的创新，当时至少要有一部分人已经在期盼这种技术的出现，且不会在问世后立刻遭到禁止。19世纪初发明的雅卡尔织布机就是一个例子。当时人们对锦缎的需求量很大，但是苦于锦缎的制造过程之漫长，除了织工以外，还需要另一个人手工按照图案为每一行挑起正确的经线。采用这种方法每天只能制作两至三厘米的锦缎。1805 年，约瑟夫 · 玛丽 · 雅卡尔[1]发明了用打孔卡控制的新式织布机，将生产速度提高了二十倍。

然而即使是在这样近乎理想的情况下，新事物的引入也时常伴随着纷争和不愉快。从前按照更烦琐的程序工作的人无法从这种转变中受益，因此他们会极力反对。新型织布机这种看上去有益无害的创新在 18、19 世纪导致了深远的社会变革，许多人失去了传统的职业，家庭陷入贫穷。社会骚乱频发，石头乱飞，诸多织布机和工厂遭到损毁。

当然，也可能什么都不会发生：你克服障碍，把新技术——比方说印刷术——带到了更遥远的过去，也许会发现产生的效果与我们熟知的那个版本的历史有所不同。在中国，早在 8 世纪人们就已经开始用木版印刷的方式大量复制宗教典籍了，比古腾堡[2]早七百年。与欧洲不同的是，当时的印刷术并没有导致巨大的社会动荡，主要是国家机构用来印制行政文件和法律典籍，书籍在普通人的生

---

1 约瑟夫 · 玛丽 · 雅卡尔（Joseph Marie Jacquard，1752—1834），法国发明家，设计出了人类历史上第一台可以设计图案的织布机，对人们后来发明其他可编程机器（如计算机）产生了重要的影响。

2 约翰内斯 · 古腾堡（Johannes Gutenberg，约 1397—1468）是欧洲第一位发明活字印刷术的人，他发明的印刷术在欧洲迅速传播，并在随后兴起的文艺复兴、宗教改革、启蒙运动和科技革命等运动中扮演了重要角色，可以说引发了一次媒介革命，被广泛认为是现代史上最重要的事件之一。

活中也慢慢得到了普及。

改善世界不算是一项轻松的度假计划。在今天看来显而易见、十分合理的想法，放在过去大多无法激起人们的兴趣。即使有兴趣，推广起来也远非易事。就算你真的成功地将某个想法移植到了过去，你也可能会因此而遭到谴责。这倒是也合理，没有任何改进能保证对所有人都有利无害，至少在短期内是这样的。在两周的假期里，你得到的主要反馈是不以为然。若是能停留的时间更长，你就可以亲身体验那些无法从中受益的人的不快。倘若你希望在旅行结束时有人满怀感激与你握手致谢，那么你至少要按二十至五十年来做打算（请参考《永久定居》一章）。

两个简单的发明

✦

广为流传的“时间旅行者小抄”（Time Travel Cheat Sheet）既可以印成海报挂在时空穿梭机器里，也可以印在 T 恤上，上面的建议如下：

“青霉素是最好的抗生素。特异青霉（*Penicillium notatum*）存在于食物上。它对感染极为有效，能够阻止细菌形成新的细胞壁及繁殖。它将迎来抗生素的新时代。你大可以成为青霉素的发现者。如果这时它还不为人所知，你可以通过显微镜寻找食物上一种长得像一只怪手、后面连着一根长柄的霉菌。那便是青霉素！”

乍听上去这似乎很简单，然而从发现长得像怪手的霉菌到成功使用青霉素治病之间还有许多步骤。从 1928 年意外发现青霉素的作用到实际投产需要 12 年的时间。遗憾的是虽然你已经知道其中的原理（或者能带来一份指导手册），但是这对你并没有多大帮助。你还需要接受有关微生物培养和培养基实操的基础培训。大学里一到两个学期的知识就足够了，不过别指望你在学校里学到的东西能应用到过去，所需的设备和材料你是指望不上的。你必须亲自寻找替代的方法。

你需要一台显微镜以及有关霉菌分类学的知识，以便将产生青霉素的笔状霉菌与其他霉菌区分开来，例如有害健康的曲霉。此外青霉菌有许多不同的种类，在显微镜下看起来都一样，其中只有一部分能够产生大量的青霉素，而仅仅长有“怪手”并不能作为产量的保证。你需要培养基，在上面培养细菌，从而确认自己的霉菌是否正确。用一根小棒在你自己的口腔黏膜上刮几下，就能轻松获得各种各样的测试细菌。如果你关注的是如何治疗某种具体的疾病，那就从患者身上获取体液。

自 19 世纪末以来，微生物学一直以琼脂为原料制作培养基，琼脂是一种从藻类中提取的胶质。如果运气好的话，在亚洲，自 18 世纪中期起你就可以买到现成的琼脂。19 世纪，微生物学家罗伯特·科赫[1]使用的是土豆片，还有人采用淀粉糊、肉或凝固的蛋清开展研究。如果你在某些物质上发现了疑似青霉菌的霉菌，也可以为它消毒，将它作为培养基。坚实的培养基尤为重要。在微生物学的早期阶段人们常用肉汤做培养基，在液体培养基中各种细菌往往会来回游走，难以将它们进行区分并分成可以进一步繁殖的菌落。19 世纪 80 年代，范妮·安吉丽娜·黑塞[2]提出使用琼脂作为微生物的培养基，琼脂操作方便，而且在多数温度条件下都是固

---

1 罗伯特·科赫（Robert Koch，1843—1910），德国医师、微生物学家，与路易·巴斯德、费迪南德·科恩等人被共同视为细菌学始祖，1905 年因对结核病的研究获得诺贝尔生理学或医学奖。以他的名字命名的“罗伯特·科赫奖”是德国医学的最高奖项。1891 年建立的德国疾病控制和预防机构“罗伯特·科赫研究所”也以他的名字命名。

2 范妮·安吉丽娜·黑塞（Fanny Angelina Hesse，1850—1934），美国荷兰裔微生物学家，她与丈夫一同进行微生物研究工作，她最早提出用琼脂代替明胶作为培养基的建议。

体、透明、可以消毒的。根据你到访时的实际情况，你可能需要先发明显微镜、琼脂和培养皿。

所有研究步骤都必须一丝不苟地在无菌条件下进行。除了其他诸多器材，你还需要温度极高且不会产生黑烟的火焰来给接种环消毒——你要经常用它粘取相同数量的细菌培养物，把它们转移到培养基上。自 19 世纪上半叶以来，为了实现这一目的，人们采用的是燃气灭菌器。由于当时无论在理论上还是在实践中无菌工作都尚不存在，因此你必须自己寻找解决方案，以应对实验室中没有本生灯的情况。它可以像在化学研究的早期那样由大型取火镜构成，也可以是由许多镜子组成的能够将太阳光集中起来的构造，即所谓的阳燧灯（Pyreliophorus）。在加热时，接种环上不可以形成氧化物，因为这些氧化物对微生物来说是有毒的。为了满足这个条件，如今人们通常会用铂金合金制作接种环。在过去，直到 18 世纪末人们才能买到纯度合格的铂金。

你需要设法在无菌条件下将培养物在特定的温度下保存一段时间。温度变化对培养物的成长繁殖不会造成太大的影响，毕竟自然界中的温度也会发生变化。不过如果你想测试自制青霉素对细菌培养物会产生怎样的影响，就需要按照标准化的程序对二者进行操作，否则就无法得到有价值的对照结果。如果你想研究细菌在人体中的变化，那么最好将细菌与模具一同保存在 37℃的稳定环境中。仅凭肉眼你就能够看出真菌是否发挥了作用。在真菌周围，你此前培养的微生物要么生长得不太茁壮，要么会死亡，其具体表现是呈一个或大或小的圆圈形状。

找到有希望的真菌以后，你可以在装有营养液的器皿中建立一个较大的菌落，营养液的高度不要超过 1.5 至 2 厘米。许多东西都可以作为营养液，只不过必须是无菌的才行。这种溶液的一个重要组成部分是糖（每升营养液大约需要 40 克糖，在过去许多时代，这并没那么容易弄到）。在 23℃的环境下，液体表面会形成一层霉菌。青霉素的含量会在第 7 天至第 10 天之间达到高峰。实验的详细情况以及如何确认实验结果中青霉素浓度的技术，可以在爱德华·彭利·亚伯拉罕[1]及其同事于 1941 年发表的文章《对青霉素的进一步观察》（“Further Observations on Penicillin”）中找到。后来的方法虽然效率更高，但是需要更复杂的实验设备。这篇文章中也介绍了从营养液中提取青霉素的方法。请你事先考虑如何确定 pH 值以及制备乙醚的实用方法——你需要以乙醚为溶剂来提纯青霉素。

如果操作正确，你可以通过这种方式从 100 升的营养液中获得 1 克青霉素。每治疗一位患者需要 3 至 5 克，因此你要为每名患者配制并加工 300 至 500 升的青霉素溶液。1941 年 2 月，在前面提到的文章发表的几个月前，一位病人首次接受了以这种方式制备的青霉素的治疗：英国的一名警察口腔受了轻伤，后来造成了危及生命的感染。经过 5 天的青霉素治疗，他退烧了。此时他已经注射了 4.4 克青霉素，这是当时人们能够获得的青霉素的总量。他通过

1 爱德华·彭利·亚伯拉罕（Edward Penley Abraham，1913—1999），英国生物化学家，他在抗生素方面的研究促成了临床医学的巨大进步。他的主要工作是开发青霉素，后来还开发了头孢菌素，这是一种能够消灭青霉素耐药细菌的抗生素。

尿液排出的青霉素经过提取之后被重新使用，尽管如此，这些青霉素依然不足以使他彻底治愈。患者的病情再次恶化，一个月后他去世了。这样的结果难免遭到旁人的责难，他们会说你让世界变得更糟，而不是更美好。

即便是在 1942 年 6 月，这位英国警察去世一年半后，美国的青霉素总量仍然只够 10 位病人使用。在中世纪向民众提供青霉素你想都不用想。更有效的做法是在 1930 年拜访青霉素的发现者亚历山大 · 弗莱明并鼓励他：尽管量产青霉素难以实现，临床试验的结果也不是特别理想，但他不应该放弃。他正在探索和发现的是十分重要的东西！

选择发明一些比较简单的东西也许更有前途，比如自行车。在我们所经历的过去，自行车直到 19 世纪才出现。但是，在另一条时间分支中若是能更早地将它发明出来又有何不可呢？自行车的构造比蒸汽机简单得多，就算你不擅长亲自动手，你也可以很容易地用画图的方式把它的基本原理告诉工匠。

与自行车类似的第一项发明可以追溯到 1817 年。卡尔 · 弗莱赫尔 · 冯 · 德莱斯男爵[1]先是造出了一种采用曲柄传动装置的四轮“无马之车”，后来又在滑冰时产生了两轮车的想法。他发明的自行

---

1 卡尔 · 弗莱赫尔 · 冯 · 德莱斯男爵（Karl Freiherr von Drais，1785—1851）是德国卡尔斯鲁厄的一位贵族，也是一位多产的发明家。除了与自行车相关的发明以外，他的发明还包括最早的带键盘的打字机、速录机雏形、一种能把钢琴的乐声记录在纸上的设备、第一台绞肉机等等。由于巴登 – 符腾堡州的动荡局势以及他的贵族身份等原因，他的后半生过得很潦倒。他在 1822 年至 1827 年移居巴西，后来返回故乡，1849 年他公开放弃了自己的贵族头衔，1851 年去世时已是身无分文。

车早期被称为“步行机”“骑马机”“无马行驶器”，后来则被称为“德莱塞”（Draisine），这种自行车由木头制成，没有脚踏板。它重约25公斤，通过双腿交替蹬地推动车子前进，平均速度能够达到每小时15公里左右。在当时，这样的速度是公共马车的四倍、行人走路的三倍、骑马的两倍。如果你想观看德莱斯男爵的首次骑行，可以在1817年6月12日去他在曼海姆的住所——位于当时的B6区，今天的M1区，门牌号是8号——和位于今天驿站路56号的施韦青驿站之间的路边观看。遗憾的是，骑行的具体时间没有被记载下来。

由于在大多数城市只有人行道才足够干爽、洁净、平整，适合步行机，因此当时出现了一些不同意见，与21世纪初围绕电动平衡车、电动滑板车及其他小型电动车展开的争论不无相似之处。德莱斯首次公开骑行之后过了几个月，曼海姆便禁止在人行道上使用步行机。不久后，米兰、伦敦和纽约也陆续颁布禁令，步行机的推广基本陷入停滞状态。

接下来的50年里没有多少进展，直到1861年，法国人皮埃尔·米肖和皮埃尔·拉雷蒙德在前轮上增加了带脚蹬的曲柄。接下来的几年里，市面上出现了带弹簧车座的金属自行车。在1867年于巴黎举办的世界博览会上（请参考《世界汇聚一堂》一章），你可以参观当时的标准自行车技术。在没有链条和齿轮的情况下，骑车者每踩一圈，前轮只能转一圈，这就好比现代人用非常低的变速挡位骑自行车一样。因此，当时出售的高轮自行车的前轮越做越大，人们必须利用自行车自带的台阶才能爬上车座。这些自行车与德莱斯发明的步行机一样，也被禁止在人行道上行驶，甚至在一些城市的中心被完全禁止。1870—1895 年，科隆的整个市中心都禁止自行车通行。

19 世纪 80 年代末，人们发明了充气轮胎。大约在同一时间自行车链条也问世了，由此，自行车终于以与今天相似的样式出现在了人们面前。调整车速不必再依靠巨大的前轮，而是由车架底部的大链轮和后轮上的小齿轮实现。当然，这种较低的自行车最初被认为不够运动。大约从 1895 年起，时间旅行者才能使用现代的自行车，而不需要对它进行大规模改造。假如你想试骑早期的自行车，请记住，在当时自行车还不叫“自行车”。在德语区，它最初的名字是“步行机”或者“德莱塞”，19 世纪 60 年代开始叫做“速行车”，然后是“高轮双轮安全车”或者“低轮双轮安全车”，直到 1885 年前后才有了现在的名字。

若是你想缩短自行车的普及时间，可以在该方面抢先于自行车的发明者：在今天看来双轮交通工具平平无奇，然而在当时却绝非如此。如果你想将自行车的发明进度提前，你只要知道有自行车这样的东西存在，这就已经是领先了。不过即便是有了想法，之后的发明过程也不容易。

早期的自行车由木材和锻铁制成，1880 年起才有了足够适用的钢材。虽然在现代也有用木头或竹子制成的自行车架，但自行车的基础部件要么不能用木头制作，要么只能以牺牲骑行的舒适度为代价。在 1855 年前后贝塞麦转炉炼钢法问世之前，钢铁一直是奇特而稀有的材料，而在贝塞麦转炉炼钢法诞生之后还需要几年时间钢铁的产量才会提升，价格才会下降。若要将贝塞麦的发明更早提前，就必须到一个既容易获得铁矿石又有煤炭储备的地方。世界上这样的地方并不多，其中之一是英国的柯尔布鲁德尔，这里也是工业化的初始地。

木质轮胎或者金属轮胎的自行车也被戏称为“骨头散架车”。要想使用完全由橡胶制成的实心轮胎，则需要首先发明天然橡胶的硫化技术。时间旅行者若想加速这个过程，可以从大约 1833 年起在美国东海岸的各个定居点寻找查尔斯 · 古德伊尔[1]，并建议他把橡胶与硫黄一同加热。若只靠他独自探寻，他是在 1839 年才偶然发现这一方法的。假如有机会，请你提醒古德伊尔远离氧化铅，这样可以延长他的寿命。

这时橡胶的价格仍然低廉，因为在古德伊尔的技术发明问世前人们并不能真正地把橡胶利用起来——热的时候它会变得很黏，冷的时候又变得很脆。若你想体验橡胶的发展历程，请记得也考虑一下随之产生的问题。硫化技术的诞生推动了橡胶业蓬勃发展，从而导致亚马孙地区的橡胶种植园里出现了大规模的强迫劳动，有些地区甚至高达 90% 的居民因此而丧生。巴西一度垄断了橡胶的生产，几十年后英国人将橡胶树种子从巴西偷偷运出栽种在自己的殖民地

1　查尔斯 · 古德伊尔（Charles Goodyear，1800—1860），美国商人，硫化橡胶发明者。世界著名的轮胎品牌“固特异”（Goodyear）就是为了纪念他。

才打破了这个局面。其他殖民国家也纷纷效仿，特别是在比利时和法国统治的非洲，橡胶的采集造成了诸多极为残酷的后果，仅在刚果就有 500 万至 1000 万人因此而死亡[1]。我们固然可以设想一个与之不同的世界，但实现这种设想也许超出了时间旅行者个人的能力范围。

只有当自行车的链条、链轮、滚珠轴承、螺丝和带金属辐条的车轮等各个部件都可以用统一的精准度大量生产时，自行车才能存在。要想实现这些，你需要的是一场工业革命，而启动工业革命这项任务要比发明自行车复杂得多。

实际上，自行车发明与否几乎没有什么影响。即便是最好的自行车也无法仅凭自身力量发挥作用。自行车要想成为人们青睐的交通工具，需要特定的环境，比如道路。现代山地车配备了充气轮胎、粗糙的胎面、良好的减震装置和先进的车闸，使人们可以在较深的淤泥里骑行。固然有些人喜欢这样，但多数人还是喜欢干燥、坚实的路面。在欧洲的大部分地区，只有长时间没下过雨的时候才会有这样的路面。直到 19 世纪，旅行评价中还充斥着对道路状况的种种抱怨。

卡尔 · 冯 · 德莱斯首次骑行时选择的是一条 1750 年建成的市

---

1 1885—1908 年的刚果被称为刚果自由邦，由比利时君主利奥波德二世私人拥有。他在统治期间颁布法令，将当地人口变为农奴，以此实现他对当地象牙和橡胶贸易的垄断。利奥波德二世还动用名叫“公共军队”的私人军队来强制执行橡胶配额。在镇压当地人的过程中，为了证明子弹没有浪费，军官们命令民兵砍下当地人的手作为证明，用一只手来换取一发子弹，就连儿童也不能幸免。迫于国际舆论的压力，比利时政府在 1908 年接管了刚果自由邦的政权，刚果由此成为比利时的殖民地。

郊公路，这条路有着精心铺设的路基和平坦、坚固、易于排水的路面。在德莱斯生活的时代，这样的道路在英国、法国和德国西南部已经得到了普及，然而在欧洲的许多地方，当时的道路依然是没有铺面的乡间土路或者小石子铺成的简易道路，后者如今在柏林地区仍然存在。如果你想粗略了解在 19 世纪骑自行车的舒适程度，只要找辆结构简单的自行车，在这样的石子路面上骑一段就了解了。就算你骑的是带有减震装置和充气轮胎的自行车，这番体验估计也算不上舒适怡人。

理论上讲，你可以将路面硬化工程提前推进，尽力缩短从罗马道路[1]到欧洲市郊公路之间约1500年的时间周期。然而就实际操作来说，这超出了时间旅行者个人的能力范围。道路建设要想顺利进行，前提是这个国家要有中央集权的政府，一个明确的国家中心（罗马、伦敦、巴黎），以及充足的劳动力。至于那些要无偿为领主做工的农民，以他们的工作动力，最多只能是临时修补道路，不足以修建持久耐用的道路。特别是有些国家的领土被分割成许多小块，要想在这些地方推行合理的道路建设政策，会面临重重阻碍。

成功推广自行车的另一个条件也与工业化有关：自行车不适合作为有钱人的玩物，因为学会骑车需要练习，而练习的过程可能会令人出糗。就算在骑行过程中没有发生事故，旁人眼中的骑车者也

1　罗马道路是古罗马的重要基础设施，主要由石头铺成，始建于公元前 500 年，随着罗马共和国及罗马帝国的扩张而延伸，为罗马军队、官员和平民提供了便捷的交通路径，也促进了陆上通信及贸易的发展。

一定是笨拙滑稽的。曾有人编出顺口溜来讥讽德莱斯男爵："有个男爵摔跟头。要乘车，车没有；要骑马，马没有。这个懒汉，路都不走。"1837年，在德莱斯的首次步行机骑行过去二十年后，作家卡尔·古茨科写道："整架机器的设计都很可笑，只有小孩子才能用这种东西，骑车的姿势实在滑稽。人们坐在这架机器上，看起来就像是穿着冰鞋在路面上滑行。"从自行车发明之初，骑自行车的人就成了报纸上的讽刺漫画的热门素材。反正当时的有钱人都有马车，或者至少有马，而马匹要优于自行车，因为它们能够应对恶劣的路况，并且能独立找到回家的路。

于是，自行车发明后的前几十年里，它主要作为富有年轻男子的交通工具。大约在19世纪末，越来越多想要打破陈规陋习的女性也开始把它当作交通工具——用我们这个时代的话来说就是：潮人的装备。1900年前后，美国和欧洲的许多女权主义者纷纷声称自行车对妇女解放的贡献比其他东西都大。因此，自行车的推广要想成功，必须有特定阶层的人群存在，这些人既买得起自行车，又有充分的理由使用它。工业化既促进了这些阶层的出现，也使自行车的价格变得低廉。20世纪初，自行车的价格降到低于女工的月薪。从那时起，人人都可以用自行车来扩大自己的行动半径，例如从市郊到工厂之间的通勤，或者在休息日去探望亲友。自行车终于成为大众化的交通工具，然而通往这个目标的路途漫长而崎岖。

即便时间旅行者不惜代价、不遗余力地鼓励古罗马、古希腊或者古代中国的工匠制造与自行车类似的交通工具，其结果很可能只是在21世纪出土一些古代图样，或者发现历史上曾存在过这种罕见的装置。这个平行世界的居民依然要经过漫长的等待，自行车才会成为一种普遍的交通工具。

这些东西就不必费心发明了。

◉ 时间旅行指南中一个常见的建议是向没有蒸汽机的时代引入蒸汽机。毕竟早在古埃及和古希腊就已经出现了利用蒸汽膨胀力的机器。(至于这些机器是具有实用价值，还是只是用来观赏的玩物，这一点值得研究。如果你发现了更多相关的信息，请告知我们，我们会将你的发现收录在本书的新版本中。）我们不鼓励人们专门为了蒸汽机而制定旅行计划。总的来说它不难制造，但造价极为昂贵，且使用方法烦琐，但凡能找到其他方式——比如利用马或者人力——就无人愿意使用蒸汽机。在英国工业化的早期阶段，煤矿对于排水有着极为迫切的需求，人们这才考虑接受这种不实用的设备。倘若没有这个前提条件，推广蒸汽机就好比在现代推销联合收割机作为公司的公务用车。不仅如此，早期的蒸汽锅炉还很容易发生爆炸。

◉ 人工制造的氮肥。氮肥使全球农作物产量倍增，从而减少了饥荒。你想早点用它来造福世界，这个想法合情合理、值得称赞。然而直到今天，生产氮肥所采用的哈伯法工艺仍要耗费巨大的能量，还需要研制新材料来建造高压反应堆。1910 年，这种制造方法在获得专利时，已经是当时技术能够达到的极限，若要把这个日期再往前推，其难度不亚于将登月日期提前。

这些东西也许值得发明。

◉ 在我们这个世界的过去，针织技术是在公元 300 年至 900 年间某个时期发明的。若是你能发现更多与之相关的信息，研究纺织技术的学者肯定会很高兴。此外，你还可以试着更早地推广针织工艺，只需要两根木头、骨头或者金属制成的织针和一根线就够了。不过，你有可能会遇到阻力，因为人们普遍认为更古老并且在许多文化中广为流传的单针编织技术[1]更胜一筹，毕竟单针编织工艺不存在脱针的情况。不过你也许不会遇到什么阻力和麻烦。

◉ 制作热气球在技术层面算不上什么难事，不需要丝绸就能制作。孟格菲（Montgolfier）兄弟发明的第一架载人热气球（Montgolfière）由亚麻布料制成，里面衬有三层纸。作为时间旅行者，你具备的优势是你已经知道人们可以进行此类的空中旅行且安

1 单针编织技术，最早可追溯到公元前 6500 年，如今在秘鲁的一些地区，原住民依然会采用这种技术编织衣物和手环，这种技术在北欧和巴尔干地区也依然流行。

然无恙，并不会因为离地几米就窒息而死。18 世纪时对此依然存在争议，也正因为如此，载人热气球首先是用一头羊、一只公鸡和一只鸭子进行试飞。想必你已经知道了使热气球飘向空中的并不是孟格菲兄弟猜测的烟雾，而是热空气。人们对此若有怀疑，你也许可以用小的热气球模型来说服他们。

◉ 在古希腊时期也许就已经有手推车了，或是手推车至少已经出现在了建筑施工清单上。（你既然已经抵达当地，就请留意人们是否真的在使用手推车。）一方面，你可以尝试把这项发明的时间在总体上向前推进，因为不知何故，从人类发明车轮到发明手推车，其间白白过去了四千多年，而且在欧洲中部又多了一千年。使用手推车不需要平坦的道路，狭窄的小路就足够了，此外每辆手推车还可以省下一至三只造价昂贵的车轮。另一方面，你可以在发明之初就引进中国的手推车，它的设计远远优于欧洲的手推车：欧式手推车将货物重量平均分配给车轮和推车的人，中式手推车的车轮更大、位置更靠后，可以承载货物的全部重量，推车人只需要保持车子平衡向前推动就可以了。正是由于这个原因，中式手推车演变成了既可载人又能运货的长距离运输工具，而欧式手推车只能用于短距离运输。一辆中式手推车最多能乘坐 8 个人，甚至还可以在上面挂帆。你可以碰碰运气！全世界的腰椎间盘都会感激你的。

*

做出这些努力的总体原则是：你打算到过去向人们展示什么，

就要在现代提前练习什么。若是你在现代从未成功制造过青霉素，那么回到过去你甚至连试都不用试，在那里每一个步骤都会比在现代困难得多，而且遇到问题时你也无法参考教学视频或专业文献。

时间旅行者也许连如何制作铅笔都不清楚，但是他们有一个重要的优势，就是思维不会受到禁锢。例如，时间旅行者不会像公元1世纪至17世纪之间几乎所有的欧洲专家那样，认为真空是不可能实现的。许多发明都始于一种预感，即某件事是可能实现的。只要能够确定某件事是可以实现的，人们在实际做这件事的时候就能获得巨大的动力。人们不必在夜里为了心中的某个疑虑而辗转反侧，比如怀疑电报究竟能不能实现。

然而无论在哪个时代，就连现代也不例外，你都不得不与一些有影响力的人打交道，这些人要么坚信事物的革新不可能实现，要么认为即使革新了也毫无用处。你越是确信事实并不像他们所认为的那样，你就越容易感到愤怒、沮丧和崩溃。

即使无人主动阻拦某项技术革新，单凭知道某些事物是有可能存在的，并不意味着这项革新就能实现。古罗马拥有坚固的道路、高质量的混凝土和科学的供水系统。罗马帝国结束后的一千年里，人们并没有忘记如何建造这些东西，然而缺少的是钱、劳动力与合适的政治体系。如果整体框架不对，即使你掌握了理论知识也无能为力，这一点你不需要穿越时空也应该有所体会：在今天的德国，许多农村地区依然会出现移动电话信号不佳或者干脆没有信号的情况，而这个问题在德国的所有邻国早就得到了解决。之所以悬而未决不是因为缺少这方面的知识，你从未来穿越到今天的德国向当地负责人解释移动信号的奥秘也毫无必要。

小修小补

如前一章所述，对世界历史做出重大改变或是加速技术发展的进程也许是难以实现，或者根本无法实现的，然而小修小补却更容易做到，尤其是在短期度假时。名人在传记中往往会记述自己经历过诸多不必要的困难，例如他们的想法或发明离最终验证或是计划成功实施只差最后一块小小的砖头。如果你能在这时帮他们一把，尽管不会改写世界历史，却还是能发挥一些作用的。

下面有几条建议。倘若你富有同情心，你在阅读名人传记时很容易会发现许多事例。不过，我们给出的第一条建议就是关于一个你完全无法帮助当事人的案例。之所以将之囊括其中，是因为该案例可以让时间旅行者对假期工作中常见的一些困难有个大致的了解。

加速研究：大陆漂移学说提出者阿尔弗雷德·魏格纳

尽管当时南美洲东海岸与非洲西海岸海岸线的契合度就像今天一样一目了然，但是气象学家、地球物理学家阿尔弗雷德·魏格纳在生前还是没能推广他的大陆漂移理论。时间旅行者一次又一次地想办法安慰魏格纳，告诉他这一理论是对的，后人会明白的。这种出发点固然是好的，可遗憾的是这些信息对魏格纳来说并没有多少帮助。我们如今对大陆运动的了解是通过新的科学技术发现的：首先是20世纪50年代对海底的详尽测绘，后来则是通过全球卫星定位系统（GPS）数据。但是，魏格纳既没有科考船也没有GPS卫星。

此外，当时的情景并不是聪明的魏格纳在与心胸狭窄、愚昧的同时代人进行辩论。他的反对者中固然有一部分人确实缺乏地球物理方面的知识，不了解既有理论存在的问题，也不明白新理论的优势，但是人们对魏格纳理论的批评也并非无稽之谈。他在科学辩论中最大的不足，就是缺乏对于板块漂移背后的推动力的解释，而这至今在科学界仍然没能得到充分的阐释。

因此，只有当你有能够确切帮到魏格纳的点子时才适合去拜访他。他生前居住过的所有地址以及有关争议的诸多细节都可以在莫特·T.格林写的传记《阿尔弗雷德·魏格纳：科学、探索与大陆漂移理论》（*Alfred Wegener: Science, Exploration, and the Theory of Continental Drift*）中找到。

时间旅行者若想帮助那些领先于时代，或者只缺少一个因素就能实现重大突破的科学家和发明家，总是会面临同样的难题。仅仅找到这个人然后告诉他“顺便说一句，你是正确的”或者“试试这个和那个”对于对方来说没有什么帮助。“你是正确的，我之所以知道这一点是因为我来自未来”这句话也好不到哪里去。以“最近有个陌生人找到我……”为开头的论点也不会对同时代的反对者产生重要的影响。即使你知道如何证明一个假设，或是用什么方法才能找到证据，也必须在相应的时间内将其付诸实践才能帮到当事人。遗憾的是很难碰到这种机缘巧合。

假如你当真有一条切实可行的线索要告诉对方，这种情况想想都觉得诱人：你按下门铃，说出对方多年来一直在寻找的难题的答案，对方欣喜地搂住你的脖子，承诺分给你一半的诺贝尔奖奖金。然而现实往往截然不同：当事人可能不在家，可能正赶时间来不及听你说完，也可能会想不通为什么要在门口跟一个素不相识、不大会说当地语言的游客讨论自己的研究。

包括“模仿当事人的笔迹在床头柜上留下字条，假装是在半梦半醒间写下的”这样的把戏也是说起来容易做起来难。别忘了，你无法像幽灵似的随时出现在对方的卧室里，之后又能消失得无影无踪，你必须亲自潜入对方的房子——在历史上的大多数时期，这种行为跟在现在一样都是违法的。

如果你去旅行的时代不是相距不远的几年前，或者你不太会说当地的语言，那么更靠谱的办法是雇用一名抄写员，请他以考究的语言表达你要传递的信息，用工整的笔迹誊写出来然后寄出去。原则上来说，你也可以在现代托人写这样的信，不过多数情况下在当时雇用抄写员更合适，另外考虑到不同时代语言风格的微妙区别，这样做会更经济、更有效。

这些办法对阿尔弗雷德·魏格纳来说都没有用。不过，你不必因此而放弃拜访他的机会。若是 1900 年 7 月 2 日至 3 日的晚上你碰巧身在海德堡，可以利用这个机会跟魏格纳见上一面。凌晨三点，他颈间系着一条白围巾，沿主街往市集广场的方向走着，据一位名叫艾尔曼的保安日后的笔录，当时魏格纳“叫嚷的声音太大，影响了附近的居民”。魏格纳这时 19 岁，对大陆漂移完全不感兴趣。你就别去打扰他了，反正第二天一早他也不会记得你的好建议。

节约时间：适用于多位发明家

19 世纪 30 年代，画家、发明家塞缪尔·莫尔斯正忙于摩尔斯电码和电报的发明。起初他不知道，电力通过较短的电线传输效果更好，而通过长电线的传输效果就逊色得多。这一时期，威廉·福瑟吉尔·库克也在研究发明电报，他和莫尔斯都被这个问题难倒了。然而实际上，美国物理学家约瑟夫·亨利早在几年前就已经找到了这个问题的解决方案。你根本不需要改变历史，只要把结果告诉他们就行了。他们需要的是合适的电池。只要用多个小电池，而不是一个大电池，电力信号就可以远距离传输。为了弄清其中的物理学原理，库克咨询过许多人，其中还包括英国科学家迈克尔·法拉第。你要是想帮库克一把，请你强烈建议他在与法拉第谈话时不要提永动机的事。当时库克正在考虑建造一台永动机，而这次谈话之后法拉第便再也不把他当回事了（起码在我们知道的时间版本中是这样的）。

不过莫尔斯的主要问题不在于电线的长度，而在于他将多年的时间耗费在了开发一个十分复杂、最终会被他抛弃的装置上。你可以建议他选择更简洁的按钮设计，也可以建议他不要采用数字代码，而是用点和横线代表电码。这样会为他节约很多时间和精力。这两样东西他日后都用得上，因为正如经常出现的状况，在他的故事中，真正困难的部分是如何证明新事物是有用的。不过请不要忘记，你前往的时代不见得在每个细节上都与我们所知的过去相同。也许莫尔斯和库克会在没有你帮助的情况下找到一个全然不同，甚至更好的解决方案。顺便说一句，这一点以及刚刚关于永动机的建议也同样适用于你与其他发明家的谈话。

帮助对方免于失败：牙医霍勒斯·韦尔斯

1844 年 12 月，牙医霍勒斯·韦尔斯与他的妻子在波士顿共同参加了一场关于一氧化二氮（笑气）作用的公开展示。这场展示原本只是为了娱乐大众，但韦尔斯注意到，参与实验的人膝盖不小心撞在木头长凳上却没有表现出疼痛。他猜测若能对这种物质加以利用，对他的牙科诊所肯定有好处。于是第二天他让助手利用笑气为他拔掉了一颗牙，他并没有疼痛的感觉。他在患者身上进行的实验也很成功。1845 年 1 月 20 日，他在麻省总医院向医学生展示了这种新方法。然而他用的笑气太少，病人疼得大叫起来，观众纷纷嘲笑韦尔斯，后来他病倒了，也放弃了自己的牙科诊所。四年后，他选择结束自己的生命。只要韦尔斯再多练习一下——或者能得到时间旅行者的建议——他就可以成为牙科医学乃至现代医学麻醉学的创始人了。

救人一命：南极探险者阿普斯利·彻里－加勒德

26 岁的阿普斯利·彻里－加勒德[1]是罗伯特·福尔肯·斯科特率领的南极探险队中最年轻的成员之一。1912 年 2 月末，他与俄国雪橇犬专家季米特里·格罗夫一起向“一吨库”补给点跋涉，于 3 月 3 日到达。他顶着暴风雪、忍受着 −38℃的气温在那里坚持了一个星期，等待着斯科特的南极探险队——他要为探险队在返程的最后一段路途提供补给。然而 3 月 10 日他踏上回程，其中一个原因是携带的狗粮已经所剩无几。彻里－加勒德开始返程时，斯科特和他的两名同伴距离一吨库约 110 公里。当斯科特及队员于 3 月 19 日抵达最后一处营地时，距离一吨库仅 18 公里。但是，大

1　阿普斯利·彻里－加勒德（Apsley Cherry-Garrard，1886—1959），英国探险家，他加入探险队的申请最初遭到了拒绝，但他再次提出申请，并承诺支付 1000 英镑的费用。第二次申请也遭到了拒绝，但他依然坚持为探险捐了款。他的真诚打动了领队斯科特，这才得以加入探险队。1922 年他把南极探险经历写成了一本回忆录，取名为《世界上最糟糕的旅程》（*The Worst Journey in the World*）。

约 10 天后，他们离开了人世。斯科特的同伴爱德华 · 威尔逊和亨利 ·“小鸟”· 鲍尔斯生前与彻里 – 加勒德是最亲密的好友。彻里 – 加勒德的余生都在为此而自责。

要想解决这个问题并不容易。其实本该有人把补给狗粮及时送到一吨库，但是由于斯科特一路上多次改变计划，使得这个计划没有得到执行。即便没有这些物资，如果彻里 – 加勒德能够狠下心，把狗陆续杀掉分给活下来的人吃，也能保证极地队员的补给，人类的口粮其实很充裕。你可以给他写一封口气强硬的信，上面写着“1912 年 2 月时再拆开”。但是当时他还很年轻，没有经验且高度近视，负责照料雪橇犬的格罗夫在抵达一吨库后不久还得了重病，让彻里 – 加勒德承受更大的压力也许是错误的。

相反，更有效的是想办法改变斯科特的行为：劝说他制定明确的计划，不要动不动就改变计划，这样探险队在回程中也许根本就不会遇到口粮和燃料出现致命短缺的情况。不过话说回来，斯科特不容易被人说动。若是他在准备南极远征的过程中不断收到信件，告诉他补给站里装在罐子里的石蜡会挥发，这也许会有帮助。几乎与他同一时间出发前往南极的挪威人罗阿尔德 · 阿蒙森就清楚这一点，因此他事先把所有的燃料罐都焊死了。最终，阿蒙森与四名同伴成为最早到达南极点的人——而且与斯科特团队不同的是，他活着回来了。假如你愿意不惜一切代价和努力，而且掌握极地生存技能，可以根据斯科特最后一站的坐标在不显眼的地方悄悄建立一座补给站，从海岸到那里大约只有 200 公里的路程。

防止问题产生：松鼠、猫、鸭子、亚里士多德

媒体经常会报道解救被井盖困住的松鼠、困在树上的猫或者陷入某种困境的小鸭子的事件。即便是成功的救援，也会给当事动物造成心理压力。在时间旅行中，最不惹眼却又最有效的方法就是及时赶到现场，在动物困于险境之前把它吓跑。

除了松鼠卡住之类的事件，还有很多问题可以事先予以解决。例如，自然科学领域诸多由来已久的问题都可以追溯到是亚里士多德在某个问题上犯了错误，并以书面形式记录了下来。几百年后，欧洲学者依然会受他的观点干扰，或是不得不花费大量精力来劝阻同辈人。在极地研究中发生的许多不幸事件都可以归咎于人们对"开放极海"[1]的信念。一旦某种想法在人们的头脑中扎了根，就很难将它清除。大多数情况下，早期防止问题产生要比后期补救更容易。遗憾的是从时间旅行的角度来说这种做法不太能带来满足感。你拯救不了极地探险家和松鼠，只能是策略性地、不引人注意地站在一旁。

---

1 "开放极海"（Open Polar Sea）是盛行于16—19世纪的一种假说，当时的人们认为北极是一片无冰的温暖海域，船只可以自由航行。许多探险家信奉这一理论，并试图通过北极探寻一条连接欧洲和太平洋的航线。直到19世纪诸多极地航海探险的失败，"开放极海"的假说才被人们抛弃。

知之而不自知

有些人在抵达度假目的地后，才意识到自己对现代世界的成就知之甚少；还有些人在出发之前，就深信自己不可能向过去的人们传递任何有用的信息。其实对于许多事物，我们有所了解却不自知。这类知识人们早已熟视无睹，甚至大多数人从未意识到。然而，从无人知晓到被编进小学教材，这期间有很长的一段路要走。

下面是一些你已经具备却可能没有意识到的知识。即便你不打算在度假时改善过去的情况，你仍有可能参与诸如有关蝙蝠的导航能力或者月亮形状的讨论。在讨论时，你至少不应该给身边的人造成困惑。你不需要提供证据或者精确的解释，只要像在现代进行正常而礼貌的谈话那样，说“我听说其实可能是这样，不过我也不是很了解”，就足够了。

太阳

虽然表面上看不出来，但地球其实围绕着太阳旋转，而不是反过来的。在16世纪以前，只有极少数的人持这一观点。不过如果有人问你有什么证据来支持你怪异的论断，请事先想好你的回答。

顺便说一句，你与教皇之间不大可能产生矛盾。你不是著名作家，也不是公认的科学家，只是一个路过的怪人。只要你不是伽利略（请参考《拜访科学家》一章），就不必担心这个问题。

月亮

你已经知道月亮本身并不发光，只是反射太阳光而已。大约两千年前，希腊人、中国人和印度人已经知道这两个事实。在那之前或者在信息不发达的地区，你的知识对研究人员或者对这方面有兴趣的业余人士来说也许很有意思。

陨石

天上偶尔会轰隆隆地掉下一些发光的东西，地球上偶尔也会发现大块的金属。1794年，德国物理学家恩斯特·弗洛伦斯·弗里德里希·克拉德尼[1]首次对这两种现象之间存在的联系进行了论述。他的论文引起了争论，遭到了包括歌德和亚历山大·冯·洪堡在内的一些人的抵制。如果有人问起，你可以肯定地告诉对方这些大块的东西并非来自地球的大气层，也不是“月球火山”喷射出来的，而是从外太空掉下来的。

地球

请想象一下这样的场景：你去美国旅游，你明明什么都没问，当地人却主动向你解释什么是冰箱、什么是电梯。在过去的许多时代，如果你告诉当地人地球并不是一个圆盘而是一个球体，人们就会有相似的感受。受过教育的人早就懂得这一点。除非你穿越到2500年以前，并且有人主动问起，否则最好不要跟人谈论地球的形状。

如果你碰巧知道地球的年龄：这个信息在20世纪之前都是未知的，具体的年代是在发现放射性元素后才得以确定。因此你遇见的绝大多数人都无法验证你的说法。若是你想向他们解释什么是放射性元素，那么只能祝你玩得愉快了。

---

1 恩斯特·弗洛伦斯·弗里德里希·克拉德尼（Ernst Florens Friedrich Chladni，1756—1827），德国物理学家、音乐家，主要贡献有振动板研究、不同气体中音速的计算等。1786年，他开始从数学方面研究声波，是算出有关声音传播的数量关系的第一人，被誉为“声学之父”。此外，克拉德尼在陨石研究领域也颇有建树。

地核

地心由滚烫的金属构成，正如你在学校学到的、在电影《地心抢险记》中看到的那样。自 18 世纪末以来人们已经知道了金属的事情，当时人们对苏格兰一座名为希哈利恩山的山峰进行了彻底的调查，得知地球的整体密度比其表面的岩石密度要大得多。地球内部的金属一定是液态的，因此它必须是热的，这一事实在 20 世纪之初就得以确证。而地核最中心的部分又是固态的，这在 1930 年属于新闻，直到 20 世纪 70 年代仍然存在争议。

地理学

在 16 世纪以前，哪怕你仅凭借记忆模糊画出世界地图的轮廓，也足以使你走在地图制图学的最前沿。要知道，地图上北下南的惯例在当时才刚刚问世不久。埃及、阿拉伯和中国的早期地图上位于顶部的是南方，文艺复兴之前的欧洲地图的上方则指的是东方。你最好事先准备一张现成的地图给人看，或者在沙地上提前画好地图。不过，你的交谈对象可能对南极洲和美洲一点儿都不感兴趣，他们更想知道地平线上的山脉后面是什么，或者在哪个地方穿过哪条河流才能抵达罗马。如此一来，你凭借记忆绘制的世界地图，与同一时代游历于各地的商贩所提供的路线图相比，价值就逊色得多了。

南极

地球的南端有一片大陆。关于它的猜测由来已久，但这片土地真正被人发现是在 1820 年初。短短几个星期内被人发现了好几次。

北极

19 世纪许多专家的想法都是不正确的。北极并没有开放的极海，无法向着那里扬帆前进开拓新的贸易航线。至少在他们那个年代，北极只有冰。然而，在寻找开放极海的过程中有数百人惨死。要是你能说服 19 世纪中叶的富兰克林远征队[1]中的哪怕一名队员留在家里，就算得上是一桩功业。

1 也被称为“富兰克林失败的探险”，这支探险队由英国探险家约翰 · 富兰克林爵士（Sir John Franklin）率领，于 1845 年乘坐两艘船离开英国，意图穿越加拿大北部和西北航道最后未航行的部分。两艘船及其船员共 129 名官兵在今天加拿大努纳武特地区威廉王岛附近的维多利亚海峡被冰封了一年多，两艘船只于 1848 年 4 月被遗弃，此时富兰克林本人和其他二十多人已经死亡。幸存者出发前往加拿大大陆并失踪，据推测已经全部遇难。

潮汐

潮汐与月相的关系如此明显，以至于所有生活在沿海地区的人都会意识到这一点——更何况这方面的知识与他们捕鱼也息息相关。至于为什么会发生潮汐，特别是为什么潮汐每天不止涨落一次而是两次，其中的争议由来已久。总的来说开普勒的观点比较靠谱，伽利略和笛卡儿的观点则是不正确的。17 世纪末，牛顿最先提出了质点之间相互吸引的概念，地球和月球相互吸引便是一例。但是直到 19 世纪人们才能较为合理地预测潮汐的变化，在那之前仍有各种各样的细节问题有待发现，你可能和你交谈的对象一样，在这方面知之甚少。与其不负责任地妄下结论，不如保持沉默。即使是在现代，关于潮汐人们依然是奇怪的观点比正确的观点要多。

漂砾

为什么有些地方会出现许多显然不是出自这个地方的大石头？为什么这些石头跟某个遥远地区的石头很相似？从 18 世纪中期起，这个问题一直困扰着地质学家。这些石头是火山喷出来的吗？是在洪水期间被浮冰托着漂过来的吗？你当然可以把冰川推动巨石运动的观点传播到 19 世纪初，只是人们并不会认真对待。

黄金

没错，理论上来说你可以用别的元素造出黄金，但是这种方式并不划算。制造成本远远超过收益，只有一间炼金术士的实验室和一堆马粪还远远不够，你需要的是一个核反应堆。没有什么“贤者之石”能把不值钱的东西变成黄金白银，或者让人长生不老。然而这些错误的期望使人们收获了许多正确的化学知识，并且能时不时地为研究提供资金。从策略角度来说，在这件事上保持沉默也许更有好处。不过请及时劝说你的东道主，不要把钱交给显然是骗子的人。

热量

至少你已经知道什么不是热量——热量不是一种物质，也不存在这种物质在热的物体里比冷的物体里更多这一说。直到 17 世纪，人们对这一问题依然争论不休。

生命

生命并不像古希腊人预想的那样，能在日常条件下从灰尘或泥土中自然萌生。长期以来研究人员都对一个事实深感困惑，那就是即使某种食物被加热到不利于生物存活的温度，然后静置在某个地方，它依然会生出霉菌、微生物甚至蛆虫。除此之外还有一个问题——这种情况屡见不鲜——那就是亚里士多德在这个问题上犯了错，而两千年来欧洲人始终没怎么质疑过他。事实就是空气中有细菌，细菌会落在培养基上，苍蝇也会在上面产卵。直到17世纪末，才大量出现了防止这种污染的实验。然而在实验证明的过程中经常存在许多错误，直到1864年路易斯·巴斯德才终于证明生命是不可能无中生有的。

不过，若是你一定要追根溯源，生命总归是有起源的。截至本书出版时，对于这个问题仍然存在争议。遗憾的是要想回答这个问题，时间旅行者并不占优势。你固然可以回到过去，在地球上还没有生命体的时代四处搜寻。但我们无法告诉你究竟应该在什么地方、什么时候寻找什么东西。不仅如此，你还会在早期的地球上留下大量微生物，于是在那个平行世界中，你才是地球上生命的起源。这乍一听似乎很棒，但是这些生命并不直接来自于你，而是来自你皮肤上、唾液中的细菌——这些尚且算是比较好的来源。

蚊子

自19世纪90年代以来，人们已经知道登革热、黄热病、疟疾和其他几种传染病并不是通过不洁净的空气传播，而是通过蚊子传播的。蚊帐可以减少这方面的风险。

蝙蝠

蝙蝠如何在黑暗中辨别方位？细心的观察者长期以来一直在探寻这个问题的答案。直到 18 世纪人们都以为它们只是视力超群而已。最先发现蝙蝠靠耳朵辨别方位的人是意大利牧师兼自然学家拉扎罗·斯帕兰札尼，他采用的办法是挖出蝙蝠的眼睛。然而同时代的人并不关心他的发现，之后很长一段时间人们依然认为蝙蝠是在某种程度上依靠触觉辨别方位的（尽管斯帕兰札尼已经通过在蝙蝠身上涂面糊的方式排除了这种可能性）。直到 20 世纪，人们才逐渐发现蝙蝠能够发出高频声音，人们模仿声呐原理发明了导航和定位，并且发明了一种能够将超声波可视化的装置。起初人们以为蝙蝠是在通过这些声音彼此交流。直到 1950 年有关蝙蝠的问题才得到澄清。

候鸟

几千年来，鸟类季节性迁徙的习性已被人类载入文字以及传统习俗中，尽管如此，在很长一段时间内人们仍然不清楚其中的细节。燕子和鹳会在非洲过冬，而不会（像青蛙那样）冬眠或者在水下过冬，在 18 世纪对于这一点尚存在争议，19 世纪人们还在进行相关的讨论。这一事实最终通过“箭鹳”得到了确证，鹳在返回德国时身上插着用非洲木材制作的箭。此外，后来系统性地为候鸟佩戴脚环也证实了这一点。

卫生

有些生物极其微小，人们无法用肉眼看见它们。这些微生物会引发疾病，在古代，这种观点虽然偶尔会出现，但是真正被普遍接受是到了 19 世纪中期，当时人们认识到沸水可以杀死一些微生物。

生殖

卵子和精子必须结合在一起才能创造出新的人类。长期以来人们对此一直存在争议。男人和女人必须以某种形式共同参与才能完成生殖，人们根据经验很容易就能得出这个结论，但其中的细节并不明确。男性的精子是否像哲学家亚里士多德认为的那样，将某种生命力输送到了女性的经血当中？医生盖伦[1]关于女性也有精液并且参与了受孕过程的推测又是否正确呢？精子有没有可能像某些拥有显微镜的人认为的那样，已经包含了一个完整的微型生物，只需要在女人体内孵化？抑或新的生命其实藏在卵子里，有了男性的参与才能激发进一步的生长？缺乏人类生殖知识也对法律造成了影响：由于男性精液的出现通常与性高潮有关，于是盖伦和亚里士多德认为女性受孕与性高潮也是彼此相连的，因此强奸不可能导致怀孕。如果被强奸的女性怀了孕，人们会认为这代表她实际上同意了。直到 18 世纪末，欧洲和美国法学界都认可这种理论。你若是能加速人们认知的进程，将会大有裨益。

生育周期

人类的受孕期在排卵前后，排卵期则处在两次月经中间。如果你当时没有忙着讲愚蠢的笑话，那么你应该在中学生物课上学过这些内容。不过事情并不总是这样，而且这不仅仅是因为性教育课程是个新生事物。古希腊、拜占庭都有资料显示月经前后的日子是最容易受孕的。即使是在 19 世纪和 20 世纪初，依然存在各种相互矛盾的学说：有人说怀孕的概率在所有日子里都一样；还有的人说经

1　盖伦（Galen，129—约 216），古罗马医学家及哲学家，在近千年的时间里，他的见解和理论在欧洲医学界占据主导地位，对解剖学、生理学、病理学、药理学、神经内科以及医学以外的哲学及逻辑学都有着深远的影响。

期代表最容易受孕的时间，因此在两次经期中间有最大的把握避免意外怀孕。实际上女人每个月只排卵一次，而两次月经中间怀孕的概率恰恰是最大的。但是直到 20 世纪 20 年代，妇产科学家荻野久作[1]和赫尔曼 · 克瑙斯[2]才分别证明了这一点。

如果人们要求你提供证据，事情就变得困难了。克瑙斯是通过 X 射线得出的这个结论，荻野久作则是通过日常工作中的妇科手术得出的结论。放在更早的时代，他们俩的办法都是不可行的。用动物做实验则会造成其他问题。例如母狗经常在排卵期排出经血，这与人类不同，也让 19 世纪的研究人员颇为困惑。如果你想通过动物证明这个问题，应该去找黑猩猩和长臂猿，但是它们并不是在哪里都很好找。

月经

在许多时代、许多国家都普遍流传着一种观点，那就是月经会严重损伤女性的身体，因此有些事情她们无法完成，比如担任政治职务。随之而来的通常还有另一种假设，即月经期间的妇女会对事

1　荻野久作（Kyusaku Ogino，1882—1975），日本妇产科学家，朝日奖、紫绶褒章、勋二等旭日重光章获得者，荻野式避孕法提出者。他原姓中村，1901 年被汉学家、西尾藩藩士荻野忍收养，改姓荻野。

2　赫尔曼 · 克瑙斯（Hermann Knaus，1892—1970），奥地利妇产科学家，他是自然节育计时方法的发明者，也是 1936 年诺贝尔生理学或医学奖的候选人。

物造成负面影响，比如危害植物、使啤酒和葡萄酒变酸、抑制面团发酵等。早在 20 世纪 20 年代，美国儿科医生柏拉·希克就宣布他在经期妇女的血液中发现了一种“月经毒素”，花卉一旦接触到这种毒素就会枯萎。其他研究人员也赞同他的观点，直到 20 世纪 70 年代这种想法才得以消除。不过你不必指望通过现代的研究结果改变当时的状况。归根结底，这个问题的根源不在于研究够不够充分，而是在于不愿意让女性占据有影响力的职位的心理。任何医学研究结论都无法消除这种心理。

牙齿

牙疼长期以来都是人类的心头之患，无论你去往何处旅行，牙疼都会是常见的话题。在亚述、埃及、亚洲、南美、希腊甚至中世纪的欧洲，人们都怀疑牙疼的原因是牙虫。随着时代发展，到了 19 世纪，牙虫之说渐渐被淘汰。20 世纪，人们针对一系列假设进行了实验，不过在你度假期间，似乎没什么必要大谈这一领域的认知是如何进步的。你在小学时就掌握了一个关键的知识，即碳水化合物——尤其是糖——加上糟糕的口腔卫生状况才是导致蛀牙的原因。然而，实际上这个说法只适用于 16 世纪以后，因为在那之前人们——尤其是穷人——根本买不起糖，也几乎买不起任何甜食。

艺术

也许你会前往1889年参观保罗·高更与世界博览会同时举办的展览（请参考《世界汇聚一堂》一章）。也许你在20世纪60年代初汉堡的某个俱乐部里看过一支发型古怪的英国乐队的演出。身边的人也许会说“依我看，这种印象画派将来肯定会广为流传的”，或者“依我看，前面这些人演奏的吵闹音乐在40年后会由交响乐团来演奏”。你只要简单地回一句“没错，我也这么觉得”就够了。

宗教

在一个不受宗教控制的国家，人们也可以过上舒适、和平的生活。你也许会因此下地狱，但目前没有得到证明。要想证明这一点，你需要的是另一种旅行穿梭机。但是你可以告诉人们，在你来自的时代，牧师只是一种普通的职业，人们会把教堂改造成宾馆、酒吧、度假公寓、攀岩馆。好吧，最后一项有点儿难以理解，你首先得解释一下什么是攀岩。

选举权

公民享有投票权之后国家并没有立即灭亡——甚至就连妇女和穷人获得投票权之后国家也没有灭亡。除了以古希腊（同样不包括妇女和奴隶）为例的少数实践以外，直到 19 世纪投票权才得以普及，女性则是在 20 世纪才获得投票权。不过你要注意，在许多时代，投票权都是个有风险的话题。你作为一名外来者，人们也许会觉得你在说傻话，所以并不把你的话放在心上。如果你有机会与那些希望社会变得更加平等的人交流，你可以向他们保证，他们的想法是有前途的。

指纹

指纹是独一无二的，世上不存在指纹完全相同的两个人。这个发现以及它在刑侦工作中的应用直到 19 世纪末才逐渐得以确立。

刑讯逼供

这能快速得到供词，在刑事诉讼中这当然很实用。然而实际上，在这种情况下被审讯者显然只会说对方想听的话。这不仅不能促进破案，反而会阻碍破案。在过去的一些时代和地区，比如 14 至 18 世纪的神圣罗马帝国，你将有机会表达这种意见。请你告诉当时的人们，不采取刑讯逼供通常也能较为顺利地进行刑事诉讼。

*

当然，时间旅行的意义不仅仅在于慷慨地与过去的穷人分享你的知识，显示你的聪明——你本人对研究蝙蝠、探索月球并没有做出任何贡献。时间旅行不是一条单行道。从过去人的角度来说，他们也掌握大量的知识，如果没有时空穿梭机，他们的这些知识现代人要么根本没有机会了解，要么只能间接地了解。

作家约翰 · 戈特弗里德 · 索乌姆[1]在他的《锡拉库扎行记》中记述了一个在旅途中结识的人告诉他的故事，讲的是这个人与几名学者一同短途旅行时发生的事："这时大家对于岩石上的一处坑洞产生了争议，每个人都有自己的解释。有人认为这是某个古老贵族家的孩子的墓穴，似乎还列举了一些与想要证明的事情同样不可靠的证据。人们交谈着、辩论着，吸引了离洞不远的一位老农的注意。老农上前询问，得知了他们讨论的内容。'这个问题很简单，我能为你们解答，'老农说，'大约二十年前，我亲自凿出了这个坑，用它来喂猪。现在我已经好几年没再养猪，也就不再用它来喂猪了。'这个简洁的解释令考古学家们哭笑不得，倘若没有这个解

---

1 约翰 · 戈特弗里德 · 索乌姆（Johann Gottfried Seume，1763—1810），德国作家、诗人，早年在莱比锡大学学习神学，后被强征入伍，保释结束兵役后在出版社做校对员。1801—1802 年，他徒步 6000 公里前往意大利西西里岛的古城锡拉库扎（Siracusa，现称为锡拉库萨）旅行。1805—1806 年，他又前往俄国、芬兰和瑞典旅行。贝多芬十分欣赏他的事迹和作品，曾到访他的墓地。今天的德国和奥地利的许多地方仍保留着纪念他的街道、雕像、学校等。

释，他们无疑会以十分学术的方式继续争论许久，说不定还会为此写文章呢。”

如果你恰巧身在现场，那么许多现存的问题都可以在过去轻松获得直接相关的信息。无论是习俗、建筑，还是设备的运行原理和使用方法，若是有同时代的人为你解释，肯定比研究他们留下的考古遗迹要更容易理解。没有时间旅行，语言学家就只能尴尬地猜测许多地名的起源和含义，许多词语的演变过程。在录音机发明以前，基本没有任何关于口语的记录。有些东西就这样被遗忘了。古罗马水道被重新解释为秘密通道，罗马帝国长城的遗迹被视作“魔鬼墙”，没有人知道复活节岛上的石像和纳斯卡巨画究竟是什么。

当然，我们今天具备的知识并不是简单地将以前的知识整合在一起，再加上一些巧妙的新见解。过去不仅有失落的民俗和语言、费解的“猪食槽”，还有被遗忘的理论、见解、思想和信息，而这些对现代有着非常具体的作用。通过叩问过去，现代人也会变得更聪明。你可以提出问题，或者至少可以仔细观察。

寒冷时期，温暖时期

时间旅行者若有意研究气候，可活动的范围十分广泛。地球有45亿年的历史。在其中近45亿年的时间里完全无法直接测量温度，时间旅行普及后这一局面才得以改变。来自地球表面的这种测量数据与太阳活动、云层分布、二氧化碳浓度等数据相结合，构成了全球长期气候变化的研究基础。人们若想适应并理解20世纪下半叶开始的全球变暖进程，尤为依赖这些数据。

1850年以前，所有的温度统计数据都是零散的。只有在欧洲、北美洲和东亚有着长期的温度测量记录。世界上大部分地区要么根本没有数据，要么只有最近几十年的数据。目前人们在这方面只能采用间接的方法，通过观察与温度相关的事物的变化来推测气温，比如树的年轮、珊瑚礁和南极冰层。然而解读并校准这些间接的方法并不容易。在这方面，时空穿梭机可以发挥作用，填补数据库中的关键空白。

温度计价格不贵，显示温度也很快，而且无论你穿越到多久以前，天气永远存在。你只需要遵循一些基本的规则就可以了。首先，我们建议你不要只买一个温度计，而是多买几个以不同原理测温的温度计。如今的专业气象站开展工作用的是电子温度计，需要电源或电池，而这两样东西在过去往往并不容易获得。因此，无论如何你都应该再带一个坚固耐用的设备，比如水银或酒精柱的温度计。

我们建议你在踏上时间旅行之前，先将每个温度计观察一段时间，并把测量结果进行比较。这样你就能发现设备是否有系统性的错误，比如显示的温度总是过高或者过低。这样做也能帮助你缩小测量值的偏差，提升可信度。如果温度计的误差超过了一度，就没有用了，至少在过去的一百年里没有用，因为历史上的测量结果比这更准确。如果你要去的是更久远的过去，较大的误差就可以接受了，因为当时存在的温度测量记录与估测结果都没那么精确。

接下来你要检查的是温度计的安放地点。我们建议你先到历史上的某个官方监测站去，在那里再次检查自己的温度计。时空穿梭机的传输过程不应该对温度计产生任何影响，但是目前还没有人准确地研究过这一点。曾经的柏林－滕珀尔霍夫机场的监测站的数据可以追溯到 1876 年。但该监测站经历过多次搬迁，可能不容易找到。历史上它曾在米特、克罗伊茨贝格和达勒姆等城区之间来回搬迁，直到 1950 年才真正在滕珀尔霍夫机场落地。

更优越的监测地点是位于上奥地利州的克雷姆斯明斯特天文台[1]，自 1762 年以来，天文台每天都会在同一地点测量气温。天文

1 克雷姆斯明斯特天文台（Sternwarte Kremsmünster）建于 1749 年，是世界上最重要的历史悠久的天文台之一，已被国际天文学联合会宣布为杰出天文学遗产。天文台由克雷姆斯明斯特的本笃会修道院建造，文中提到的观测塔也叫“数学塔”（Mathematischer Turm），因为早在 1550 年，修道院的修士们在处理宗教事务之余还进行数学、天文学研究。

台有座 50 米高的观测塔，在开始测量气温之前几年就已经建成，因此十分好找。那些走得更远的人则应该到英国看看：史上最长的连续气温监测记录是“英格兰中部气温”（CET）。测量始于 1659 年，最初只是不定期地进行测量，有时不是在室外，而是在没有暖气的房间里测量。自 1772 年以来，英国的几个监测站每天都会测量室外气温。温度是人类历史上最常被测量或预估的参数之一，仅次于对时间的记录。至少在过去两百年里，你应该不难找到能提供气温信息的人。唯一的问题在于对方采用的是什么单位。

18 世纪初，以酒精或水银受热膨胀为工作原理的准确温度计才问世。当时有数十种不同的计温标准流通。几乎每个小有名气的科学家都有自己的计温标准。为了校准，人们会采用两个处于所谓的“恒定温度”的物品，一个在冷的那一端，一个在暖的那一端，例如冰水和人体（随便哪个人都行），或者对人类（或至少是对艾萨克 · 牛顿）来说刚好可以忍受的沐浴水温。在 18 世纪，我们使用至今的计温标准的最初版本——摄氏度与华氏度——才得以确立。

19 世纪末，人们才意识到温度计应该避免风吹或阳光直射，而且不应直接安装在地面上，否则测量结果就会出错。沿用至今的白色百叶箱的设计就起源于这个时期，其大小与猫窝差不多，安装在离地面两米高的地方。这些百叶箱的发明者是托马斯 · 史蒂文森，他也是作家罗伯特·路易斯·史蒂文森的父亲[1]。一名科学家如果没有为自己安装的温度计做任何保护措施，其测量数据的可信度就比较有限。

总体看来，对气候感兴趣的时间旅行者需要注意两件事：如果你想测试自己的设备，最好不要穿越到一百年前及之前的时期，因为那时还不存在简单易行的温度测量的对比方式。敲开牛顿或者伽利略家的门询问有关温度的问题也没什么用。他们两个当然都有自己的看法，只是他们的看法对你并没有帮助。然而，从另一方面来说，只要你穿越到比一百年前略晚一些的时期，就算你哪儿也不去，只待在工业化国家，也可以为科学服务。

抵达过去之后，无论你在哪个时代，都应该像此前提到的那样把温度计放在蔽阴处，详细记录一天中的温度、日期、地点、时间以及其他可能影响温度的气候事件（云量、降水、积雪、森林火灾、火山爆发、小行星撞击等）。这些元数据与温度本身同样重要。请注意确保没有动物或者人乱动仪器，而且也没有人以为你是在搞鬼把戏。最好的办法是彻底避开地球人。

这些气温观测数据的价值有多大，取决于你前往的时代距今有多遥远、前往的地点、停留多长时间，以及目前人们对你所选择的

---

1 托马斯·史蒂文森（Thomas Stevenson，1818—1887），苏格兰土木工程师、灯塔设计师和气象学家。除了文中提到的百叶箱外，他的主要成就是在苏格兰及其周边地区设计了 30 多座灯塔，被认为是开创了灯塔设计的新时代。史蒂文森家族在工程学方面传承已久，他的祖父、父亲、兄弟和侄子都是灯塔设计师和工程师。他的儿子罗伯特·路易斯·史蒂文森（Robert Louis Stevenson）没有承袭家族传统，而是成了一名作家，代表作有《金银岛》《化身博士》等。

时代的温度估测有多么不准确。即便是欧洲中部同一地点的现有监测数据也能清楚地表明，在过去的 50 年里气温比长期以来的平均气温要高出 1℃。大不列颠岛的测量结果甚至涵盖了小冰期的一部分时间。在 1600—1800 年间，英国的气温有时甚至比长期以来的平均气温低 2℃。不过，这样的观察需要连续多年采用一致的测温标准，才能区分出短期天气和长期气候。

单独的一次测温是没用的。一天之内温度上下波动几度的情况并不罕见，每个在春天曾经历过暴风雪的人都可以证实这一点。一年当中，欧洲中部各地的月平均温度变化为 15—20℃。相比之下，借助年轮、化石、冰核或者深海沉积物估测得到的地球温度在过去 1000 万年中的变化还不到 10℃。在过去的 1 万年里，其变化甚至不到 2℃。

测温期的选择也很重要。就地球历史而言，过去的 1 万年相对较为平淡。自上次大冰期以来地球温度史上最刺激的事件显然是目前的气候快速变暖。相比之下，在这一时期之前持续了 250 万年的更新世中，地球的温度总在疯狂地上蹿下跳（有关这一时代的更多信息请参考《穿越狂野的更新世》一章）。仅仅覆盖数千年的持续测温已经能够揭示平均温度的重大变化，而且甚至超过了 1℃——在气候研究中这已经是很大的变化了。

如果穿越到更久远的时代，大多数情况下你会发现当时的气温比今天更高。古新世和始新世的最后一个间冰期，是地球上最适合对气候感兴趣的时间旅行者的时期。这一时期处于几次小行星剧烈撞击地球事件之间，从距今约6600万年的希克苏鲁伯陨石撞击事件开始（请参考《大大小小的世界末日》一章），到3000万之年后北美洲的切萨皮克湾和西伯利亚的波皮盖河陨石撞击事件结束。在此期间的气温比目前的平均气温高5—15℃。

自那以后就再没有这么暖和过，而且很可能要到2200年才会再次达到这样的温度。在温暖时期进行实地考察也很有意义，因为大气中含有足够的氧气供人呼吸，恐龙或其他可能有兴趣吃掉时间旅行者的动物暂时尚未出现。大型哺乳动物十分罕见。在北极地区会有鳄鱼、海龟等动物，不过你千万不要以为自己能拍到鳄鱼趴在浮冰上的壮观照片，因为在这个时代冰当然是不存在的。

如果你想快速取得成就，可以专注研究气候变化进展迅速的时代。名字很长的“古新世－始新世极热事件”（PETM，亦作ETM 1）就是一段颇为震撼的间冰期，它发生在大约5550万年以前。在很短的时间内，全球气温上升了5—8℃，然后同样迅速地再次变冷。整个惊人的变化过程只持续了20万年。根据现在的推测，古新世－始新世极热事件的发生是由于在几千年内，几万亿吨的碳以二氧化碳和甲烷的形式被排放到了大气中。这两种气体都是温室气体，会将能量保留在大气层，而不是逸散到太空中，因此气候会变暖。在古新世－始新世极热事件期间，每年会产生大约10亿吨这样的气体。相比之下，如今人类每年的产量大约是这个数字的几十倍。导致极热事件的碳究竟从何而来尚不清楚。汽车和燃煤发电站还不存在。人们只能用火山、彗星、板块构造、地球运行轨道的改变以及其他剧烈的自然现象来解释。在人类出现之前，古新世－始新世极热事件是过去 1 亿年中气候变暖速度最快的阶段。自那以后地球上就再没有过这么温暖的气候了。

紧接着古新世－始新世极热事件之后，也就是 5360 万年前，有一个与之非常类似但速度稍慢的时期，也就是始新世极热事件 2（ETM–2），它有个更好记的名字叫做 Elmo 事件（并不是以《芝麻街》里的红色手偶角色艾摩命名，而是“来源不明的始新世沉积层”[Eocene Layer of Mysterious Origin] 的缩写，即这个时代在海洋中形成的一个沉积层）。同样地，大量碳进入大气层，温度再次迅速上升。然而仅仅过了几百万年，截然不同的景象出现了，这就是“满江红事件”[1]：据推测，此时的北冰洋与地球上的其他海洋被陆块隔开，一种学名叫做满江红的水生蕨类植物大量繁殖。之前气候变暖造成的结果，包括温暖的气温、低降水量和大气的特殊成分等，都有利于满江红的生长。满江红迅速繁殖，并在这个过程中吸收了大气中的二氧化碳。这些植物死亡后在海床上聚集起来。空气中的二氧化碳含量减少到不及原来的三分之一，导致地球的温度迅速下降，这是从间冰期迈向冰期的第一步。大量死亡的满江红由此形成了沉积层，如今人们在北极地区的这些地点寻找石油。有些人则宣称在人工诱导下引起满江红事件可以使今天的我们免于再次经历全球变暖。

间冰期绝不是海滩上的美好假期。即使是几度的变暖也会令大

1　据推测，满江红事件（Azolla event）发生在距今约 4900 万年前。

气、气候、植被和动物发生永久性的改变。冰川消融，极地的冰层消失。海平面上升，各大陆的低洼地区被淹没。当变暖的速度像古新世－始新世极热事件或者像现代一样迅速，生物进化的速度就跟不上它了。生物没有足够的时间进行自然的适应过程，其结果将是植物和动物物种大规模灭绝，生态系统发生剧烈动荡。

时间旅行者应该准备好遭遇意外情况。你必须抛开先入为主的想法，包括季节、温度、植物、动物以及与之相关的旅行计划。相反地，你要随机应变，并努力做好万全的准备。即使你要去冬季旅行，也要带上防晒霜。即使你要去南极，也要带上蚊帐。还要带上雨靴，以应对意料之外的湿地。

对于携带温度计出行的时间旅行者来说，古新世－始新世极热事件、Elmo 事件和满江红事件的监测成果唾手可得。你所要做的就是在事件即将发生时建立几座气象监测点，避开阳光直射和大风，这些监测点最好分布在不同的大陆上，然后在几千年内定期测量温度，也许是每天一次，同时仔细观察环境并记录变化。假设测量一次温度需要几分钟，时间旅行持续的时间忽略不计，假设每周工作 40 个小时，那么这整个任务会产生几百年的工作量。对一个人来说这个工作量确实太大了，不过如果有一支高效的团队，哪怕团队里只有一百名时间旅行者，也可以在短短几年内得到一套真正无与伦比的系统监测数据。遗憾的是诺贝尔奖中没有温度监测这一项，如果有的话，这些人肯定值得一个诺贝尔奖。

PART 3
第三部分

关于时间旅行的实用建议

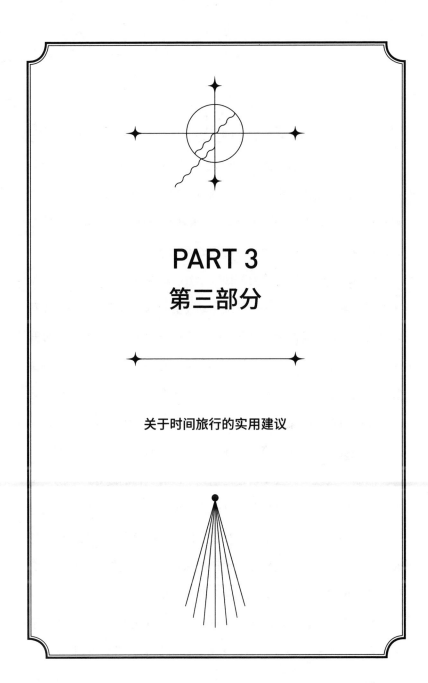

行为举止

过去的人虽然与我们属于同一物种（只要你不是穿越到几十万年以前的话），但有时我们仿佛在跟外星人打交道。当然，他们与我们有着基本的相似之处。人类都有欲望、希望、忧虑和恐惧，对于食物、水、陪伴、娱乐的基本需求都是一样的。但抛开这些方面，其他时代的人往往会有些古怪的表现。

历史上，一些地区的习俗比较粗暴。在某些时代与文化中，公开虐待儿童、妇女、仆人、下级和动物的行为比今天更普遍。体罚之类的暴行是家常便饭，属于社交行为的一部分，而且是完全公开的：你也许会看见吊着人的绞刑架，或是在路边看见堆积如山的头颅。不过，这并不意味着如今的我们是更高级的人类。在现代，暴力往往更加隐蔽地存在于日常生活中，不再是一种公开的现象。

过去人们眼中的头等大事在你看来可能有点儿奇怪。人们会祈祷、斋戒、去教堂、去朝圣，他们似乎没有其他的爱好。在历史上的许多时代，人们对家庭和族群的忠诚度比今天更高。这有着充分的理由，举个例子，如果一个社会中没有专门负责提供安全保障的人，那么整个社会环境都必须承担起保障安全的责任。村里的一名村民遭到攻击，必然会引起全村人的愤怒反击。

然而尽管存在这样的情况，有些心思你依然不该动，比如为了防止有人出于某个原因向你发出决斗的挑战而去学习击剑。诚然，在有些时代只有随身佩剑的人才会受到尊重，但是现代运动中的击剑项目与过去流行的剑术并不是一回事。在现代，只要你用剑尖碰到对手就可以被认定为击中了对手；而在真正的剑术战斗中，你既没有真正的意愿与对手挥刀相向，又缺乏不同剑术以及掌握平衡的训练。仅仅凭借现代的击剑技术你不但会在决斗中出丑，甚至可能用不了多久就会死得很惨。

现代外语知识对你的帮助也十分有限。在欧洲的许多地方，你固然可以使用拉丁语，不过就算你在高阶课程中拿到了最高分，现代学校里学到的拉丁语对你也几乎没有什么帮助。也许你学过如何笔译拉丁语，但你并不会说这种语言，听懂从前大学里的课程更是不用想了。若是你打算用本国语言进行交流，那么你至少有一个优势，就是由于缺乏电视、广播之类的跨区域媒体，过去并没有通用的标准语言。人们虽然会觉得你的表达方式很奇怪，但不会立刻对你产生怀疑。

直到中世纪晚期，远古时代的独脚人传说还一直在欧洲流传。据说独脚人生着巨大的脚掌，生活在地球的另一边，那里的气候非常炎热。烈日炎炎的正午，独脚人会仰面躺下，用它的大脚当遮阳伞。若是你担心自己的行为举止在从前会显得过于突兀，请记住，与独脚人相比，你那些奇怪的现代生活习惯并不会过分引人注意。

比专业知识更重要的是你要认识到这一点：回到过去的你可能经常会陷入束手无策的境地。无论你认为自己对 14 世纪的法语或普鲁士宫廷语言有多了解，都不要尝试独立行动。当地人永远比你了解得更透彻。你可以从他们那里得知在哪些街道或地区有遭到抢劫的风险，从市场的哪个摊位能买到最好的面包，公共马车的时刻表，以及在各种情况下如何表现才最为得体。

旅行指南有时会建议你仔细观察当地人的行为然后模仿。这乍一听似乎很简单，实际上却极其困难。棘手之处在于很大一部分的行为规范是无形的。尤其是那些没有发生的事，有些行为或因被禁止、或因不符合礼数而没有出现，因此难得一见。模仿你所见到的行为有时甚至反而会带来坏处：未经许可模仿宗教团体、村庄、手工业行会、宫廷法庭成员的行为，可能会被认为是在嘲弄他们的规定或习俗。因此“按照他人的行为举止来办事”这条建议对你的帮助也是有限的。

我们在本书中给出的建议都较为笼统，读者应该谨慎采纳。游客选择的度假时间和地点不同，行为规范也有很大的不同。即使是过去五百年里欧洲最受欢迎的度假目的地也有各种各样的行为规范。特别是当经济状况、社会背景或者技术条件发生改变时，新的规则也会随之出现。在火车包厢出现以前，没有人知道该如何与陌生人在同一空间共处几个小时。应不应该打招呼？可以交谈吗？可以读书看报吗，还是这样做是不礼貌的？在此，我们无法详细讨论这些变化给社交礼仪造成的细微影响。因此这最后一条建议在任何地方都适用，同时这也是最好的建议：请你务必，真的是务必，再次咨询当地人的意见，而且是在相关情况发生之前及时询问。如果你已经跟国王同时走进了同一扇门，那就为时已晚了。

身份

想象一下，你在现代遇见了一些打扮古怪的人，他们奇怪蹩脚地说着你的语言或是某种你从未听过的语言，大咧咧地走在街上。你看见他们一副头脑很不清醒的样子，不免有些为他们担心。你问对方是否需要什么帮助，对方却告诉你他们一切都好，并不需要帮助，他们只是来自未来而已。对方的答复很可能会加深你的忧虑。反过来说：这意味着你在时间旅行时，出于对他人的考虑，不能直接用真实姓名自我介绍，也不能直接说你来自哪里。如果有人问起你是谁，在这里做什么，你最好提前准备好一套说辞，或者采取更好的办法：注意自己的行为举止，从一开始就避免出现这种情况。

信用良好的时间旅行社只允许客户用经过仔细查验的假身份去度假。你不仅会得到护照和介绍信，还会获得合适的服装以及有关当地、当时的常见习俗和传统的简要介绍。大多数旅行社会建议你采用一个能让你在目的地享有特权的身份，在过去你将会是或者至少假装是一个享有较高社会地位的富人。从今天的角度来看，这可能会有些尴尬，也许需要一些时间来适应，但这样做是有道理的。人们之所以追求更高的社会地位，不仅仅是出于狂妄自大的心理，也是因为更高的社会地位能带来更多的保护。

作为一个社会地位较高的人，特别是如果你拥有能够证明身份的文件和信件，在安全方面就可以放心一些。这样一来，仅仅因为你的长相奇怪或行为不端而送你上绞刑架的风险要小得多。你可以让旁人相信你来自外国，为外国的国王工作，并且受到他的庇护。然而这一招并非在所有场合都奏效。在许多时代和地区，若是一项特权不是由当地人亲自赋予的，他们就不会把它当回事，甚至会心存怀疑。不过在结构合理的社会环境中，旅行社会强烈推荐这样的身份。作为一个来自鲜为人知的国家的有钱人，你也能获得一些偏心的优待。无论你做了什么，即使这种行为在当地人看来是粗鲁、不合时宜的，初犯时也能获得他人的包容。

这样做还有一个好处，你可以雇用随从来帮助你应对在当时的事宜。这个人可以为你做翻译、给你带路、向你介绍当地习俗、安排食宿。享有特权的阶层被一群下人簇拥着是很正常的事。这些助手既可以在现代招募，也可以直接在旅行目的地雇用。两种方式各有其优缺点。在当时当地雇用的助手不太会对你傻瓜般的行为感到过分惊讶，他们往往已经习惯了雇主的奇怪举动。

最后一个优势是特权阶层可以进入那些衣着朴素、步行赶路的旅人不太容易进入的地方——贵族的城堡、宫廷里的庆典、大学等等，可以列举的地方还有很多。本书中提及的几种回到过去的短期游览路线，其出行前提都是目的地会向旅行者开放。

至于你的旅行社究竟要求你扮演哪种角色，这取决于你要去哪个时期。如果是1600—1800年的欧洲，男性游客在时间旅行时将扮演外邦贵族。你的本国将是一个非常遥远的地方，当地人对此只有模糊的概念，但又不至于远到当地人从未听说过。从未听过的地名难以使人信服，甚至会让人怀疑你是假冒的。若你前往的是德国、法国或英国，那么以俄国、瑞典或立陶宛等国家作为原籍国是个不错的选择。

男性游客还有一种身份可以使用，就是充当与你一起旅行的年轻人的陪护者。你可以是某个大学生的老师，也可以是一位正在游学的年轻贵族的家庭教师。这个身份意味着不太可能有人向你发起决斗的挑战。要是你从样貌上看已经年过四十或者戴着眼镜，这个身份会格外适合你。在 18 世纪以前，眼镜片的质量不好，而且没有镜腿。使用眼镜的主要是需要大量阅读或写作的专业人士。贵族则不戴眼镜。

若你是年轻的男性，你自然可以任选学生的身份——只要你去旅行的年代已有大学存在。你也许会想在过去度过一整个学期？那么你需要在选定的大学完成注册，而你至少得有一份文件来证明你的拉丁语水平。至于你是否真的需要会拉丁语，这得看你所处的时间和地点。在许多情况下，你不会拉丁语也可以蒙混过关，比如依赖翻译的帮助。你也可以参加精彩的公共活动，这可能是你亲身接触著名科学家的好机会（更多相关内容请参考《拜访科学家》一章）。

若你是女性，想去中世纪或者近代欧洲旅行，最方便的一种身份就是女修士[1]。修女院是一种宗教集体社区，在那里你会享有比在

1 女修士的生活方式和修行规范与通常所说的修女有所不同，她们在本质上属于牧师，因此也被称为“女牧师”。这里采用“女修士”的译法是为了与主持宗教活动的女性牧师进行区分。

修道院更多的自由。由于女修士不结婚，因此你不需要丈夫陪同也可以自由外出。她们的服饰虽有些宽大，但样式庄重雅致。作为女修士，你古怪的兴趣以及对日常惯例的生疏也很容易被人们接受。你可以雇用女性随从，还不必花费大量的时间祈祷。负责任的时间旅行社将会为你安排好在某个鲜为人知的偏远国家的理想的修女院。

你还可以假装是某个位高权重的男人的妻子，从而享有他的特权。过去的几百年里，在欧洲，富有的女性与丈夫分居两地的情况并不少见。独自乘坐马车出行时，只要你能让人们相信你是谁的妻子或者是谁的遗孀，就几乎不会引起旁人的注意——丧偶不成问题，即使你觉得自己太年轻也不要紧，丈夫早逝的理由并不难找。

大多数情况下，你将扮演一个你不太熟悉的角色。在你如今的现实生活中，大概没有随从扛着大包小包跟在你身后。你要学会不亲自做事，习惯用人每时每刻都在你身边，哪怕你正在换衣服。你的身份地位意味着你拥有的私人空间会非常少。另外，你不可以用自己或他人的身份来开玩笑。请务必按照你虚构的身份地位来行事。

等级森严的社会就像是一片雷区，每个手势、每个动作、每个字都可能有着更深层的含义，而你却没有意识到。因此你要遵守的首要准则是：保持冷静。保持镇定，控制你的反应，装傻，直到你慢慢弄清楚眼前的状况，或是直到你有机会咨询你的顾问。

你尤其要注意的是那些有着既定顺序和优先次序的事务。例如，穿过门口或者桥梁等狭窄的地方，吃饭前落座的顺序和盛饭菜的顺序。人们会默认你清楚自己的位次。若是你先人一步进门，就有可能得罪你的上级。若是你走得太晚，就会打乱人们精心维护的等级制度。

你要熟悉表示顺从的肢体语言：你要学习鞠躬、行屈膝礼、下跪或至少要学会脱帽，而这些动作多数在现代社会已经绝迹。其他规则你可能比较熟悉：手在自己身边放好，不要乱动，不要摸脸或抠口鼻。不说脏话。保险起见，在打招呼时你应该避免行贴面礼亲吻对方。在权威人士面前，只有在得到明确的指令后才能说话或者行动。在中世纪欧洲，背对着社会地位高于你的人是非常不好的行为——巧的是如果你在野外遇到了一头熊，这一点也同样适用（直到 19 世纪在欧洲的某些地区你都有可能遭遇此事，不过在今天这些地区已经没有了熊的踪迹，更多相关内容请参考《穿越狂野的更新世》）。

支付方式

如果你时间旅行的时代距离今天较近，你或许可以像日常那样用银行卡或信用卡付款，但是钱不会从你自己的账户里扣除，而是会从生活在你所访问的时间维度中那个平行的你的账户里扣除。也许另一个你跟此刻的你同样既富有又对金钱漫不经心，根本不会注意到这些扣款，但是只有在你对此有绝对把握的情况下才能这样做。否则这将是非常不妥的行为，而且受害的是你自己。

要是你通过时空穿梭来到 20 世纪 70 年代之前的欧洲，那么刷卡支付就是不可能的了。如此一来，你必须在出发前准备充足的现金。不要因为目的地流通的货币与你现在使用的货币相同就掉以轻心。硬币和纸币上不可以出现未来的年份！从前被废除的货币可以从钱币收藏家或者时间旅行商店里购买。不过，在人类历史上相当长的时间里，硬币和纸币并不是常用的支付手段。到 19 世纪，纸币才在欧洲人的日常生活中逐渐流通起来。

约从公元前 500 年起，你可以在地中海周边国家使用硬币来支付。不久后，这种新兴的支付手段也被欧洲的其他地区所接受。无论采用何种铸造方式，金币几乎在哪里都很受欢迎。然而黄金有一个缺点，那就是即使在现代它也不便宜。在过去的两千五百年里，黄金的购买力基本没有变化。在公元前 600 年左右的巴比伦，尼布甲尼撒二世统治时期用 1 克黄金能买到大约 10 个大面包。如今 1 克黄金的价格约为 35 欧元，依然相当于约 10 个大面包的价格。因此，用金子是没办法享受物美价廉的假期的。用银子旅行则更实惠一些：目前 1 克银子的价格约为 40 美分。在现代你用它买不到什么东西，但在 14 世纪你能买到 1 个黑麦大面包。

在日常流通中，各种不同的货币会混杂使用。一些主要的金币在整个欧洲以及世界其他一些地方都会得到认可。自 13 世纪以后，流通的弗罗林金币、起源于威尼斯的达克特金币以及后来由西班牙人引入的皮亚斯特和达布隆就是几个例子。米兰的政治家、朝圣者圣布拉斯卡在 1480 年去耶路撒冷朝圣后建议旅行者带上“两个行囊，一个装满耐心，另一个装上两百枚或是至少一百五十枚威尼斯达克特金币”。另外，使用贵金属制成的珠宝或者使用小金条、小银条也不太可能出错。

在大多数交易中，你得到的找零货币会与你支付的货币不同。这就涉及一定的风险（这跟在现代出国度假一样），特别是当你不确定自己收到的找零会是哪种货币、数额又是如何计算的时候。18 世纪，泽德勒[1]在《世界通用百科全书》中告诫道：“去某个国家之前，要先了解当地的货币，并让与你交好的商人朋友为你讲解。若非如此，你就只能在人生地不熟的情况下认识这些钱币，这对你不利。”因此对于你前往度假的时代的货币，你需要具备一些基础知识。从中世纪起就有一些实用的“商人手册”，其中讲解了如何利用各种支付手段进行交易。

用黄金和白银作为支付手段的一个缺点是它们会因此而在我们的时空里消失，就像氦气离开地球的大气层一样彻底。现代会因此而变得更贫穷，而另一条时间分支则会变得更加富有。从统计学的角度也可以说，如果其他平行世界也发展出了时间旅行，这种情况可能会在整体上得到平衡。

---

1 约翰 · 海因里希 · 泽德勒（Johann Heinrich Zedler，1706—1751），德国书商、出版商。他最重要的成就是出版了文中提到的百科全书（全名 *Grosses vollständiges Universal-Lexicon Aller Wissenschafften und Künste*），这套书共有 68 卷，在 1731 年至 1754 年间陆续出版，是西方文明中体量最大的百科全书之一。

如果你再往前穿越大约2500年，就只能采用所谓的原始货币或者商品货币。在现代，人们偶尔也还会采用这种货币，例如在战争时期或是在监狱里，它会以香烟、鱼罐头或者肥皂的形式出现。即使你是穿越到距今不远的时代，在许多地方，你遇到这类商品货币的可能性也比遇到硬币的可能性更大。比如在美国的殖民时期至获得独立之间，人们会把钉子、海狸皮、烟草以及贝壳串珠（用海螺和贝壳磨成的珠子串成的长串）作为货币。贝币也在许多时代、许多地方广为流传，在一定程度上直到20世纪贝币都是有效的支付手段。有时候，不同地区对贝壳的种类有着极为具体的偏好，请你事先了解一下。在数千年的贝币流通史上，贝币的购买力自然有所不同，但总体来说一个地方离海岸越远，贝币的购买力就越强。如果你度假的行李中有几公斤重的贝壳，也不必抱怨，因为情况还可能更糟——在西太平洋上的密克罗尼西亚联邦的雅浦群岛，货币由石盘构成，直径可达4米[1]。

广受欢迎的商品也可以作为硬币和贝币的替代品使用，你可以在当地出售或者用来兑换旅行期间的必需品。在欧洲，印度和东南亚的香料从12世纪至17世纪都属于奢侈品。对于时间旅行者来说这个办法有诸多优点，原因有几个：香料在现代的价格比当时低很多，它们体积小又轻便，而且不会留下持久的痕迹。香料中最重要

1 雅浦岛本地不出产金属，因此当地人会从帕劳等地运回石材加工成石币。影响石币价值的因素包括大小、质地、运输难度、运送石材的水手的名望等。当地人称这种石币为“费”（Fei 或 Rai）。受重量限制，交易时往往不会搬动石币，而是在上面作标记，表示石币的所有权已经转移。

的是胡椒，其次是肉桂、姜、丁香和荜澄茄。你可以将现在香料的价格与你计划旅行的时代相比较，从而找出今天的价格与过去的购买力之间比例最佳的香料。

盐在许多时代都很珍贵，尤其是在远离海岸又没有盐矿可以采盐的地方。这不仅是因为盐具有调味的功能，更重要的是人们需要用盐来保存食物。然而进口盐很容易被征税，你可能会因走私盐而惹上麻烦。此外由于盐的体积较大，要想靠它为你的整个假期提供资金，你很难携带足够的盐，而且如果行李被打湿了，那你就麻烦了。

乍看上去，1634 年左右在荷兰出现的“郁金香狂热”似乎是一种诱人的旅行融资方式。但这种方式不仅对出行地点有限制，而且时间上也比较局限。到 1637 年 2 月，愿意为一颗郁金香球茎浪掷几千荷兰盾（一栋房子的价格）的情况已成为过眼云烟。此外，郁金香交易主要在几百人参与的可控范围内进行，这些人彼此认识，互相信任。由于人们无法通过观察郁金香的球茎判断出它究竟会开出廉价的普通花朵还是罕见的昂贵花朵，因此球茎会在夏季的几个月进行交易，但大多在开花之后才会付款。这对过路的旅行者来说也很不方便。最后，还有重要的一点是你无法把当时最值钱的郁金香从现在带回去，因为现如今它们大多已经绝种了。

钻石在过去则不像现在这样受欢迎。钻石是在 19 世纪伴随着新的切割和抛光技术的引入才流行起来的。如今高昂的钻石价格主要是戴比尔斯公司在20世纪中期广告宣传的结果。在20世纪60年代，钻石的价格已经很昂贵了，并且广受追捧。不过，当时的珠宝商尚不了解21世纪的制造工艺。自2016年起，人工培育的钻石价格已经远远低于石矿中开采的钻石价格。培育蓝宝石和红宝石的成本也不高。如果将它们兑换成现金来为度假提供资金确实有利可图，但是若是你在现代不会这样骗人，那么回到过去你也不应该这样做。

你可以赶在第一个拿着鹤嘴镐的人出现之前，去已知的著名黄金、钻石开采地寻宝。举个例子，南非的第一颗钻石是1867年在霍普敦附近发现的，如今人们可以凭借一个被称为“金伯利大洞”的矿坑辨认出这个地方，该洞是后来的钻石开采热潮造成的。理论上讲，大约一亿年前你就有机会发现那块石头，只不过它很可能没在地表躺着，因此没那么容易被注意到。不过从一方面来说，即使是在产量最丰富的矿区，光是靠仔细搜索也发现不了多少钻石。采矿是一项费时费力的工作，一点儿也享受不到度假的乐趣。从另一方面来说，钻石的发现必然会给当地居民带来巨大的痛苦。伴随南非的钻石矿和金矿而来的是灾难性的采矿工作环境、布尔战争[1]以及一系列问题。如果你能及时买下这样一片土地，用混凝土把它

1 布尔战争（Boer War）得名于南非的布尔人民族，即居住在南非的荷兰、法国与德国移民后裔形成的混合民族，现已改名为阿非利卡人（Afrikaners）。历史上共有两次布尔战争，均发生在英国与布尔人民族之间。第一次是在1880—1881年，规模较小，布尔人获胜。第二次发生在1899—1902年，英方虽然获得了胜利，但是由于近代化战争代价高昂，此战之后英国意识到自己难以保卫海外领地，便开始了全球范围内的战略收缩，因此第二次布尔战争也象征着大英帝国由盛转衰的开始。

浇筑起来，这对于世界发展一定会更有益处。要是你没有这样的能力，你至少可以不去为即将发生的灾难添把火。

日期与时间

我们已经习惯了全世界都是相同的年份、采用相同的历法。有人若是觉得每年两次转换夏令时和冬令时会造成混乱，或者认为这是一种强人所难的事情，这种人最好不要进行时间旅行。

如果你是在 1366 年 1 月开始在英国旅行，几个星期后抵达比萨，那里将会是 1367 年。如果你继续前往威尼斯并在 2 月到达，你又会回到 1366 年。在 3 月初，你有机会体验 1367 年的新年伊始，但是如果你继续前往佛罗伦萨，抵达那里时将会再次回到 1366 年。而如果你在 3 月 25 日之后回到比萨，那里已经是 1368 年了。若是在比萨乘船驶向葡萄牙，你甚至能跳到 1405 年。

这种混乱的局面，一方面是由于各地对于一年的开端有着不同的定义方式。在中世纪的欧洲，一年有 7 个不同的开始可供选择，分布在全年。另一方面，在于各种历法的不同起始年份，也就是第零年。

如果你在 19 世纪或 20 世纪初在立陶宛的考纳斯横跨尼曼河，虽然这里的河面只有 200 米宽，但你在 13 天后才能到达对岸。这条河的一侧位于普鲁士，自 1612 年以来当地一直采用格里高利历，另一侧则属于俄国，直到1918年那里采用的都是儒略历。[1] 1582年至1700年之间的时段尤其要额外注意，这一时期这两种历法在欧洲都很普遍。1923年以后情况才逐渐变得简单清晰，世界上大部分国家逐渐都采用了格里高利历。不过为了平衡，人们在那之前几年又提出了夏令时，因此造成了新的混乱局面。

通常来说，向当地人询问日期没什么用。年份经常被称为某某统治者在位的第几年，或者像罗马那样以城市建立时间来计算[2]。就算你得知了具体的年份，日期的顺序也同样会令你摸不着头脑。罗马帝国认为每年有13个月，每个星期有8天。在10至13世纪的地中海地区，每个月的日子虽然像今天一样都有编号，但数字只在上半月按顺序递增，到了下半月日子又开始往回数。

在中世纪较为常见的日期记录方式是罗马人采用的新月、上弦月和满月的计日方式，至少在官方文件中是这样的：每个月有3个固定的日子，以这些日子为始倒推计日。在欧洲的许多地方，日期是根据教会的节日来计算的，例如“西门与犹达瞻礼日后的那个星期天”。记录交易会和集市举办日期的公共日历也会以这种方式来标注日期。在19世纪中期的奥得河畔法兰克福，赶集的日子分别是大斋期第一个星期天之后的第二个星期一、圣玛格丽特节之前的

---

1 格里高利历即现称的“公历”“公元纪年法”，1582年由时任罗马天主教皇的格里高利十三世颁行，故又称格里高利历。儒略历是恺撒采纳埃及亚历山大的数学家兼天文学家索西琴尼的计算后，于公元前45年1月1日起执行的取代旧罗马历法的一种历法，自1582年后逐渐被格里高利历取代。

2 罗马建城纪年（Ab urbe condita，缩写为AUC）。

星期一和圣马丁节之前的星期一。如果能够避免的话，最好永远不要问别人日期。

如果你打算办一些对时间要求比较精确的事情，也会面临计时方式的问题。在古罗马，一天有 24 个小时，夜晚占 12 个小时，白天也占 12 个小时。这意味着一个小时的长度在一年当中是不同的。在冬天，地中海地区的一个小时只有大约 45 分钟，在夏天则差不多有 75 分钟。此外如果你问一个人现在是几点，根据被问者的信仰不同，你会得到不同的答案：罗马的犹太教徒和基督教徒采用的时钟与官方采用的时钟计时方式不同。

在 14 至 19 世纪，阿尔卑斯山以南的地区采用的是“意大利时间”。在那里，时间从 1 至 24 小时编号，计数开始于日落时分：“钟声敲响 24 下，或者用意大利通用的说法叫做‘万福玛利亚’——当黑夜来临，当你无法看清书本上的文字，或是当你在澄澈的夜空中开始看到明亮的星星时，钟声就会敲响。”这是 18 世纪苏黎世牧师汉斯 · 鲁道夫 · 申茨对这种计时体系的描述，这种计时方式在瑞士说意大利语的地区也很常见。歌德的《意大利游记》中就包含一张带注释的德国与意大利时间转换表。在 16、17 世纪，阿尔卑斯山以北的一些地区也采用意大利时间。

在电报和铁路出现以前，换句话说就是大约 19 世纪中期，较大的城市都有自己的当地时间，这取决于太阳的最高位置，因此与地理位置有关。

最简单（也最轻松）的计时方式则是在假期中不制定任何对时

间有确切要求的计划。

交通与住宿

如果你想在过去外出旅行，你必须做好心理准备，所有出行方式花费的时间都比现在要长得多。首先是交通工具的速度更慢，路况也很糟糕。而且，你经常要等上好几天才能凑齐同行者，这样你遭到抢劫的概率才会小一点。很大程度上你还得依赖当地人的帮助。路牌是 18 世纪才有的，地图真正变得实用也没多久的时间。过去，地图的主要作用是记录某个地区的信息，但这些信息通常不是度假的游客感兴趣的信息。不仅如此，长期以来人们采用的地图尺寸巨大，并不方便使用。高夫地图是中世纪晚期最好的英国地图，它仅有一扇门那么大，而且无法折叠起来。在没有地图的情况下（当然互联网更是不存在的），你只能四处向人打听如何从 A 地前往 B 地。

在某些地方，即使你大体知道山口、沼泽、森林和荒无人烟的地区的路该怎么走，我们依然建议你与熟悉环境的当地人同行。当地的向导比你更清楚哪里有雪崩的风险，如何避免陷入沼泽以及如何躲避强盗。而从另一方面来说，如果你完全依赖当地人的提示，在现在来说不太靠谱，在过去也是同样。

“我想去别的地方看看，只是想看看而已”，在欧洲，这最早是在18世纪才成为旅行的一个比较正常的理由。如果你不想让周围人对你的行为起疑心，最好想出一个便于理解的旅行原因。从11世纪开始——也可能更早，这需要你亲自去求证——欧洲的一些地方会举办年度交易会，你可以出于商业原因前往。也许你是要转去另一所大学或是去别的地方工作。也许你是要去某个著名的朝圣地朝拜，或是出于健康原因在寻找适合疗养的温泉。

你选择的交通工具应该与你的身份相符——前提是你有得选。学一学骑马有益无害。你究竟骑得四平八稳还是只能像一麻袋土豆似的挂在马背上，这只关乎你个人的舒适度。出身高贵的人的马术水平也可能很差，这不会引起旁人对你的怀疑。在古罗马，虽然马车已经为人所知，但它们是国家公务用车，对你的度假并没有帮助。在之后的几个世纪里，你就只能选择骑马或是步行了。也许有人愿意用简易的马车载你一程。马车是16世纪末出现在欧洲的，而公共马车则是在17世纪出现的。从18世纪起，马车才成为一种常规的交通工具，可以列入你度假的出行计划。这样的马车内部可以容纳4至6名乘客。根据马车的类型和行李的数量，车的外部可以再搭载大约10个人。不过不要指望乘马车会比步行快：在1700年，公共马车平均每小时行驶2公里的路程。

在有公共马车的时代和地区，出发前最好早点儿到达。这样你就不必坐在车厢外侧或者车顶上那些不受欢迎的临时座位。请务必亲自检查你的行李是否真的装上了车并安置妥当。抵达目的地后，通常是雇一名搬运工来搬行李。你要事先谈妥报酬，而且不要让搬运工离开你的视线。一般来说，对车夫、旅馆老板和其他常与旅客打交道的人不要吝惜友谊和小费。这些人是你获取有用信息的最佳来源。

19 世纪中后期，乘客们在泥泞的地方下车，合力把马车从泥坑里推出来的情况仍然很常见。出现这种情况并不奇怪，在很长一段历史时期里铺面坚实的道路都很罕见。请不要抱怨，也不要因此而责怪任何人。路况不是某个人的过错，而是与政治和经济有关。顺便说一句，即使是现在也有类似的情况，从慕尼黑通往苏黎世的那条疏于维护的铁路就是一个例子：据说相关负责人的观点是由于从始发站到终点站之间的区域人口过于稀少，因此扩建该线路不划算。

在手推车和马车普及的时代，作为行人，你在繁忙的道路上一定要注意安全。当时的交通不像你想象中的井然有序，与马车相撞造成的伤害绝不比汽车小。如果道路的空间能够容纳一辆以上的车辆，你还需要注意一点，那就是从古代起，大多数情况下人们都是靠左通行。靠右通行直到 20 世纪才成为交通规则。

在有水路的地方，乘船出行在某些方面可能比陆路出行更舒适。自 16 世纪起，欧洲的许多河流与运河就有定期出发的船只通往其他城市。如果你穿越到更久远的时代，而且考虑乘坐桨帆船出行，那么你应该像乘公共马车那样尽早订座或占位。不过与马车不同的是，在船上，顶层的座位才是最好的，15 世纪英国朝圣者威廉·威伊在一本导游手册中提醒读者，船舱内部“热得冒烟，还臭烘烘的”。

无论你采用哪种交通方式旅行，途中可供选择的住宿都不像在城市里那样多。这样的好处是你很容易做决定。有邮局驿站和商旅驿站专门满足旅客的需求，这些旅店的评价向来也很不错。

根据你出行的时代、出行的地点和你的身份不同，人们可能会纯粹出于热情好客而招待你。假如你伪装成朝圣者（或者真的在进行朝圣之旅），你可以在主要的朝圣路线上的疗养院和修道院住宿。在阿尔卑斯山的山口就有这样的疗养院，面向所有旅行者开放，不仅仅是朝圣者。

一旦某个地区的游客数量增加，私家住宿就会逐渐变成收费的旅馆和宾馆。这并不意味着住宿条件会自动变得更舒适。此外你可能还要考虑到缺少床位、与大大小小的动物以及其他客人同住一个房间的情况。价格则需要讨价还价——这一点与今天不同，如今人们在任何地方都能查到食宿价位。

衣着

无论前往从前哪个时代，你穿着现代的服装都不会让人认为你来自非常发达的地区。即使我们努力想给当地人留下衣着得体的印象，在大多数过去的人眼里，我们看起来还是会像现代人眼中那些趿拉着拖鞋、穿着破洞运动裤和跨栏背心的变态。只要你去的不是荒无人烟的时代，旅行社很可能会要求你穿上他们提供的服装。倘若旅行社只是向你提供了购置服装的建议，请务必听从这些建议。

在这方面的花销不能省！

回到过去的你可能像钻进电影院的鼹鼠一样不知所措。不过，你若是按照当地的标准穿上高档、体面的服饰，其实跟在现代一样也可以蒙混过关。然而，这同时也让你很容易招来抢劫。但凡是有服务人员参与的场景，比如住宿时或是搭乘交通工具时，每个提供服务的人都默认你会付给他们小费。如果没有专业人士的帮助，你很难顺利平衡各种着装规范与要求。

只带必需品出发，到达过去后再置办服装也许会更划算。无论在哪里购买，衣服都必须由专业工匠手工制作，这在现代同样十分昂贵。过去的价格之所以有优势，是因为过去的专业手工工匠相对来说比现在要多一些。不过这件事急不得。量体裁衣至少需要几天时间，如果是复杂精致的服装，需要的时间则更长。

有件事通常游客难以适应，那就是过去的衣服穿在身上很痒。你在旅行时的身份若是允许，可以穿丝绸内衣来缓解这个问题。现代意义上的内衣裤在 19 世纪才开始流行，但作为一个古怪的外地人，你在这方面享有一些特许的自由。总之不要在不必要的时候脱掉外衣，如果有人问起，就说你古怪的非本地皮肤有着异于常人的要求。

为了避免虱子、跳蚤、螨虫和蚊子使发痒问题加重，你的所有衣物都应该用氯菊酯杀虫剂浸泡。在现代这也是人们在疟疾地区逗留时常用的防范办法。氯菊酯对健康是否有害尚存争议，但疟疾、鼠疫、黄热病、斑疹伤寒以及其他由吸血昆虫传播的疾病对健康的危害则是无可争议的（请参考《疾病与瘟疫》一章）。化学成分与氯菊酯相似且在过去更容易获得的是除虫菊酯，可以从除虫菊以及多种菊花的花头中提取。早在大约 2500 年前的波斯，人们就认识到了它的功效。这一有用的信息在 19 世纪初传到了欧洲——如果你愿意帮个忙的话，也许能使之提前。

深色衣服的优点是可以适用于多个场合，因此你不需要带太多换洗的衣服。在实际中若是遇上了不太适合穿深色衣服的情况，你可以假装自己在服丧（至少在穿黑色服装服丧的时代和地区这是说得过去的）。不过，这个借口并非在任何情况下都适用，若是你要出席统治者在宫廷里举办的盛大庆典活动，无论是否有丧事，你都必须衣着得体。

泥泞和尘土在过去是无法避免的。浅色衣服只能在你乘马车、坐船或者火车出行时穿，只有这种时候才不会每走一步都弄脏衣服。即便如此，在去搭乘交通工具的路上以及下车后你也有可能要穿过泥坑。你若是打算步行，请穿深色的衣服。如果你想避开泥泞的道路，建议前往道路有铺面的时代和地区，例如 14 世纪的格拉纳达（请参考《难忘的周末》一章）。

餐食

关于过去的饮食习惯，我们目前仍然知之甚少。大部分信息来自流传下来的烹饪食谱以及在炊具和厕所中发现的食物残渣。极少数情况下，保存完好的尸体的胃内容物也能帮上忙，例如5000年前的冰人奥茨以及在斯堪的纳维亚发现的年龄约为他一半的沼泽木乃伊——图伦男子与格劳巴勒男子。流传下来的烹饪食谱和上菜顺序是有问题的，因为它们记录的通常是特殊的豪华菜肴。从前偶尔会有人到遥远的地方旅行，回家后记录自己在旅途中吃了什么，但这只发生在距今较近的时代。在多数时代和地区，你只能通过时间旅行亲自去探寻当时究竟有什么食物，以及从哪里可以获得。

即便如此，你还是能够基本确定当地有东西可以吃。人类都喜欢食物，而且喜欢相同的食物种类。我们的祖先不是吃硅棒长大的外星人。你挨饿的可能性不大——前提是没有发生饥荒，而这种情况其实并不少见。出发之前请你务必查阅该地区的饥荒年份和时间。

要是你追求的不仅仅是填饱肚子，而是能品尝美食，那么15世纪末之前的欧洲不值得推荐。在中国，自5世纪以来烹饪方式一直丰富多样，菜肴也经过精心设计，在伊斯兰世界是自11世纪以后。欧洲则相反，即使是那些有财力购买食物的人，长期以来关心的也只是数量不是质量。总体来说，北部地区的餐饮不如农产品产量较高的南部地区丰富多样。在冰岛（请参考《中世纪时期的一片乐土》一章），除了酸奶奶酪、鱼和谷物粥以外你不必抱有更多期待，在气候寒冷的年份，熬粥用的谷物也需要进口。在夏季和秋季欧洲各地都比较适合旅行，冬季几乎没有新鲜食材，春季食物可能也很稀少。

在历史上的大多数时代与地区，你现在所了解的食物大多尚不存在。除了美洲，其他地方没有土豆、西红柿和玉米；亚洲以外的地方没有大米。已经存在的食物看起来可能也与你预想的样子不同。比如，在历史上很长一段时期内胡萝卜是白色、紫色或者黄色的，橙色的品种是 17 世纪末才在荷兰培育出来的。看起来或者听起来很熟悉的食物吃起来味道却完全不一样。

与现代相比，过去的食物不见得稀少或单调。过去人们食用的植物、动物的种类比今天更多，至少在农产品产量不错的地区是这样。根据时代与地区的不同，过去摆上餐桌的食物有些往往只在现代的求生手册中出现——不过也有些植物通过精致的烹饪方法以及对身体健康有益处而被现代人重新接纳，比如芝麻菜、熊葱和奇亚籽。说到肉类，如今人们的选择基本上限于牛肉、猪肉、羊肉、鹿肉和一些禽类。在过去则几乎没有动物能逃过下锅的命运：花尾榛鸡、松鼠、鸦鸟、睡鼠、海獭、猫、刺猬、孔雀、火烈鸟和乳兔——所有这些动物都有专门相关的食谱。由于动物的饮食习惯不同，即使是你所熟悉的物种的肉味可能也比你习惯的味道更强烈。而且，整个动物从鼻尖到尾梢都会被加以利用。若是你在餐桌上有血肠、肺、毛肚、猪头和凤爪的地方长大，那么你已经为穿越到过去做好了准备。

面对过去的许多菜肴，来自现代的客人往往身陷道德难题：度假期间是否应该吃那些在现代濒临灭绝或者已经灭绝的动物呢？

假如你出于良心不想吃动物，那么你的决定应该无关乎地点与时代。如果你担心的是物种灭绝，被你吃掉的那几只沙锥和水獭其实不会造成多少影响。许多动物之所以变得稀少，主要不是由于人类捕食，而是因为它们的栖息地逐渐消失。这个过程直到现在依然如此，而且在现代进行这方面的抗议更容易、更有效。

诚然，我们经常读到这样的报道，说从前的人们消费的肉类远不及现在多。但素食主义者如果回到过去，日子并不见得会比现在更好过。在有些时代，比如 1350—1550 年间的欧洲大部分地区，即使是比较贫穷的家庭每天也都有肉吃。1347 年鼠疫大暴发后，劳动力一直稀缺，因此人们的工资和生活水平相对较高。1550 年后情况开始恶化，肉类消费水平下降，直到 20 世纪才恢复到以前的水平。然而即使是在肉食匮乏的时代，想完全吃素也并非易事，因为仅有的一点儿肉常常被剁成肉末混在菜肴中。

如果你和有钱人一起吃饭，可以参考关于斋戒的宗教戒律。天主教在这方面的规定尤为详尽，规定了多种例行的斋戒日和斋期。在这些时期以外或者在非天主教地区，如果你因为宗教誓言而不肯吃肉，旁人也不会觉得奇怪。在冬季气候寒冷的地方你可以做好心理准备在深秋会吃到更多的肉食，因为把动物喂到来年春天的开销太大了。如果你希望食物唾手可得，并且对不含肉的美味菜肴感兴趣，那么去其他大洲旅行可能会更适合你，比如日本、印度和中国。

几个世纪以来，进口香料在欧洲被视作地位的象征（请参考

《支付方式》一节）。买得起香料的人恨不得每道菜肴和饮料里都加上胡椒、肉桂、丁香、肉豆蔻和生姜。如果你受邀与 12 至 17 世纪的有钱人一起用餐，请做好心理准备所有食物的味道都会有点像姜饼。另一方面，“之所以添加许多香料，是为了掩盖肉类变质的味道”这种说法也不过是现代人的谣言。有钱人既然买得起香料，肯定也有足够的钱买比香料便宜得多的肉类。17 世纪，进口香料价格开始走低，其铺张的使用方式也随之减少。假如你要去公元前 1 世纪之前的罗马帝国，请务必尽量找到更多关于已经灭绝的罗盘草（*Silphium*），也叫脂胶芹（*Laserpitium*）的信息，这是一种深受希腊人和罗马人喜爱的香料植物，十分罕见，相应地也极为昂贵。

面包如果是新鲜烤制的，会比现代做的味道更好，但面包并不像许多时间旅行者以为的那样随处可见。将谷物加工成面包比做成粥需要付出更多的劳动。粥只要放进锅里在火上煮就可以了。而要做面包，你需要特殊的烤箱还有更长的时间。如果你在现代也不喜欢吃粥、米糊或者荞麦糁之类的食物，那么回到过去的你可能会过得很艰难。就算你在现代喜欢吃粥类，也不要寄希望于过去的粥里会有牛奶、奶油、肉桂或者糖这些如今很常见但在过去很奢侈的配料。在过去，你不应该是觉得吃饱了才从桌前起身，而是应该吃了点东西感觉没那么饿了就准备离席。请注意，不要用你现代人的胃口给东道主施加压力。你在过去待不了多久，而招待你的那户人家，还要靠现有的食物维持生计直到下一次收获或者狩猎成功。当食物普遍匮乏之时，钱也不见得有用。

时间旅行者对于当时大多数的餐桌礼仪知之甚少。当地人可能默认你会携带刀具。直到16世纪，勺子才在欧洲得到普及，不久后，叉子也得到了推广。17世纪，即使是在宫廷里你依然可以用手吃饭，不会有人觉得冒犯。至于那些流传下来的有关餐桌礼仪的建议，其中一些是当代旅行者原本就清楚的：在使用公共的杯子喝水前把嘴和胡子擦干净，不要嗦手指，不要往盘子里吐东西，不要用桌布擦鼻涕。依照坐在你旁边的人的举动行事，并把你的发现记录下来，以便回来后为将来的时间旅行者提供参考。在同桌的食客眼中，若是你的行为举止表现得野蛮粗俗，你将不会再收到邀请。

饮水

你旅行的时代和地点不同，饮用水的水质也不同。在人口稀少和没有农耕的地区，你随时可以饮用泉水和自行收集的雨水。然而在人口较为密集的地区和时代，我们建议你饮水时要谨慎——特别是当人类与动物的生活空间距离很近的时候。不要用未经处理过的水洗漱，也不要在离定居点很近的水域洗澡。“在中世纪，人们为了健康只喝葡萄酒和啤酒，不喝水”这种说法在现代很流行。不过，实际上这仅仅是因为喝水这件事不值得记录而已。你在小溪、河流、水井或者蓄水池里喝点水，没人会觉得有什么稀奇的。

在当时的人们看来，喝水前先煮沸算得上是最不可思议的做法。这一次你不必以宗教职责为借口，只要说水里存在人类肉眼看不见的病原体，水煮沸能将它们杀死就够了。人们也许不会认真对待你说的话，但至少你试过了。水应该沸腾 3 分钟以上。在海拔较高的地区水的沸点会低于 100℃，因此海拔每升高 150 米就要增加 1 分钟的沸腾时间。因此，以今天慕尼黑周边地区为例，水总共需要沸腾 5 至 6 分钟。注意不要把水倒进不干净的容器里，否则水就白烧了。

在古希腊和印度，包括煮沸在内的饮用水净化方法至少已经有四千年的历史。你的行为在这里不会引起骚动。然而，在早期这种做法主要是为了改善水的味道。当时的人们知道浑浊的水质很可疑，必须经过处理；但他们不知道的是，表面看起来没问题的水也可能含有病原体或者化学杂质。

在燃料匮乏的地区烧水是个难题。在比较隐蔽的地方，你可以偷偷用消毒片给饮用水消毒，而且不会留下永久性的痕迹。请依照各种消毒剂的不同使用方法进行操作，特别是要遵守规定的消毒时间。如果实在没有办法，你可以把一块布对折几次，用它过滤被污染的水，这样能够除去 99% 的病原体。剩下的 1% 也许还是太多，但这样总比彻底不过滤要好。把布对折三次叠成八层，过滤完之后用肥皂或者过滤后的水冲洗滤布，在阳光下晾干。此外，你的手最好不要接触未经过滤的水。这种过滤方法的好处是，若是你旅行的时代的人们对此感兴趣，这个办法对他们来说也是切实可行的。

在某些时代和地区，特别是在中世纪至 20 世纪甚至是在 21 世纪的城市里，饮用水中可能含有无法通过煮沸去除的重金属或其他化学物质。这些有害物质有来自容器和水管的铅、来自纺织品染色厂的砷以及来自银矿的汞。当地酿造的啤酒中也含有这些成分。不过除非你打算移居到这些地方（请参考《永久定居》一章），否则这些并不是太要紧。问题的关键在于长期摄入导致的中毒，而不是短时间内增加的剂量。

疾病与瘟疫

在过去，生首先意味着死。经历过出生和婴儿期的劫难幸存下来的人或被瘟疫送进公墓，或被庸医用无效的治疗方法折磨至死，或因为如今根本不值一提的小病而英年早逝。至少从一些历史记载来看是这样的。于是人们不禁怀疑，在这样的情况下我们是如何活到今天的，甚至竟然还会有人自愿返回那个饱受疾病折磨的世界？

实际上，过去的人们大多并不担心死亡。诚然，由于缺乏确切的记载，我们对多数时代的平均预期寿命知之甚少。然而等你到达当地，就会发现人们活过 60 岁也不是太稀罕的事。直到 20 世纪全世界的婴儿死亡率都很高，但只要一个人能在生命之初的那几年存活下来，就有很大可能活到暮年。过去，糖尿病十分罕见。机枪、炸弹、车祸和飞机失事都还没有来到世界上。总而言之，过去的生活不算太差。

传染病和饥荒在过去许多时代固然比在现代更常见，但不是每天都会发生。只要认真选择旅行的时代和地点，你就可以避开最凶险的情况。瘟疫通常会出现在战争中被围困的城市或是闹饥荒的地方，而旅行者很少会自愿前往这样的时代和地点。遭到围困的城市里挤满了逃难的乡民，食物和水往往都很匮乏。人口密集的生存环境中，疾病和寄生虫更容易传播。遭到围困的城市可不是度假胜地，至于围城的那一方——无论出于道德原因还是为你自身的健康着想，你都不该成为其中的一员。

“人类历史上没有比现在更健康舒适的居住环境”这个想法是错误的，甚至早在时间旅行发明之前人们就已经知道这是错的。实际上，就传染病而言，距今不久的过去以及一些国家的现在都属于人类历史上风险较大的时期。

以自然方式感染疾病风险最低的时代，要数人类和猿人都不存在的时代，也就是 2000 万年以前或者更早的时代。在那里你最多只能成为寄生虫的异常中间宿主[1]，或者感染某种病原体格外不挑剔的传染病。

其次的选择是狩猎采集的时代。这时人类尚未与那些能够把疾病传播给人的动物共同生活在狭小的空间内。农业社会尚未形成，因此人和动物的排泄物也还没有用来给作物施肥，疾病和寄生虫难以进入人们的食物。即使真有致命疾病，也只能杀死一小群人，因

---

1 异常中间宿主是寄生虫中间宿主的一种。正常情况下，寄生虫的幼虫会通过中间宿主传给最终宿主，在最终宿主体内变成成虫，但进入异常中间宿主的寄生虫无法变成成虫。

为周围再没有其他人了。在没有人类感染的情况下，病原体的危害不大，不太可能转变成要人命的怪兽。在黎凡特地区，也就是地中海东岸，狩猎采集时代在大约在 12000 年前结束，在欧洲中部则在大约 8000 年前结束。

疟疾：人们在琥珀中保存下来的 3000 万年前的蚊子体内发现了引起疟疾的病原体。然而疟疾的致死率是随着人类社会向农业和畜牧业过渡才开始升高的。在那以前，蚊子不太可能先叮咬一个感染了疟疾的人，接着再叮咬另一个未感染的人。疟疾问题在人类历史的各个时期都存在，在欧洲，疟疾直到 21 世纪初才被认定已彻底根除。对时间旅行者来说很有用的一点是，现代的预防措施很可能也有助于防治过去的疟疾。不过正如我们稍后即将谈到的那样，不能想当然地采用这种做法。

麻风病：麻风病是人类已知的最古老的疾病之一，大概起源于约十万年前的东非或西亚地区。关于此病，印度和埃及的书面记载已至少有 4000 年的历史。在古罗马和古希腊麻风病十分常见，特别是在穷人之间。在欧洲，13 世纪是最不适合旅行的时间。自那以后麻风病发生的频率越来越低，直到 16 世纪基本消失。针对关于麻风病的减少有个并不乐观的解释，说是因为这时出现了新的致命疾病——我们一会儿将会讲到——而身体虚弱的麻风病人首当其冲。对于免疫系统正常的时间旅行者来说，麻风病的传染性并不是很强，而且这种病在现代可以通过药物有效治疗，但是彻底治好可能需要几个月到几年的时间。

黄热病：黄热病在非洲也是一种很古老的疾病。这种病毒与传播它的那种蚊子一同随奴隶船抵达了美洲，这种病曾一度席卷欧洲南部。除了黄热病，还有许多疾病都是通过蚊子传播的，直到19世纪末这一点才得到证实（请参考《知之而不自知》一章）。时间旅行者出行前要强制接种疫苗，不过我们还是建议你使用蚊帐作为辅助的预防措施。

天花：天花（请不要与无害的水痘混淆）在北非的历史至少可以追溯到12000年前。天花在公元165年左右传播到了欧洲，当时罗马军团在今天的伊拉克占领了一座城市。在那之后的24年里，整个罗马帝国到处有人死于"安东尼大瘟疫"（以当时的罗马皇帝马可·奥列里乌斯·安东尼·奥古斯都的名字命名）。11至13世纪，十字军的活动进一步促使天花在欧洲传播开来。1518年这种疾病又随着西班牙征服者从欧洲到达了美洲，在那里天花遇到了对它毫无抵抗力的免疫系统，数百万人因此而丧生。20世纪70年代，天花才被认定在全世界范围内已得到根除——至少在时间旅行发明之前是这样。如果你出生在1970年至时间旅行医疗中心建立之间，那么你可能会错过天花疫苗的接种（见下文《接种疫苗》部分）。

鼠疫：鼠疫是从什么时候开始存在的，这件事还真说不清楚，在古老的资料中几乎所有流行病往往都会被归结为这个名字。人们对于症状的描述常常也不够精确，因此很难分辨各种疾病。另一个复杂的原因是鼠疫还存在许多不同的变种，其中一些变种后来消亡了，不同的变种具有不同的症状、特征和传播方式。究竟是什么原因引发了此类大型瘟疫人们至今仍然争论不休。所以，时间旅行者并没有万无一失的保护措施。我们建议旅行者预防性地服用抗生素，并遵照时间旅行医疗中心给出的建议行动。这种疾病在现代是可以治疗的——前提是你能回到现代。鼠疫时期的记录中有不少“某人早上还觉得自己很健康，中午稍稍感到有点不舒服，下午就死在了床上”的记载。

考古发现的距今约五千年的骨骼中保存着鼠疫病菌最古老的证据。公元 541 年，鼠疫在埃及暴发，542 年传到君士坦丁堡，并从那里传遍整个欧洲。此后，从 770 年至大约 1346 年又是比较适合时间旅行的阶段。不知什么原因，在这一时期欧洲没有暴发鼠疫。之后大规模的流行病反复出现，直到 1770 年前后，鼠疫才又在欧洲销声匿迹。哪个地区发生过瘟疫、什么时候发生的，通常都有明确的记载，这就使出行规划变得容易一些。然而如果你在某个城市的历史中发现该城市曾幸免于鼠疫，这并不意味着这里是个理想的旅行目的地——鼠疫之所以没有殃及这个城市，也许正是因为当地人将你这样形迹可疑的游客拒之门外。

斑疹伤寒：这种疾病首次被记入史册是在 1489 年，在征服格拉纳达酋长国的过程中（请参考《难忘的周末》一章）。围困格拉纳达东部城市巴萨的西班牙军队损失了两万人，其中只有三千人死于真正的战斗，另外 1.7 万人则死于斑疹伤寒。这种疾病由虱子、螨虫、蜱虫和跳蚤传播，在现代可以用抗生素治疗。

梅毒：该事件发生后过了几年，也就是 1494 年或 1495 年，法国国王查理八世（别名“和蔼的”）率领军队攻入那不勒斯，这是历史上有记载的首次梅毒大暴发。其实人们并不清楚该疾病从何而来，但是那不勒斯人指责法国人也情有可原。战争获胜后，雇佣兵返回各自的家乡，梅毒就这样在欧洲彻底传播开来。从 16 世纪至 19 世纪，梅毒是最常见也最令人恐惧的疾病之一。它会通过直接的性接触传播，这也是在不熟悉的环境中人们应该对此类行为保持谨慎的主要原因。抗生素对于治疗梅毒是有效的。

霍乱：19 世纪，霍乱成为欧洲的重大问题。霍乱通过被污染的饮用水或者不洁净的食物来传播。只要遵守《卫生》一章中的建议，你基本可以保证安全。在现代，治疗霍乱采用的还是《如果你想帮个忙》一章中提到的防止脱水的简单办法。

小儿麻痹症：在 17、18 世纪，患小儿麻痹症的人数逐渐上升，19 世纪末开始大规模流行。这种疾病对于你这样的时间旅行者来说倒不成问题，因为从 20 世纪 50 年代起人们就开始接种小儿麻痹症疫苗了。

肺结核：虽然出土的遗骸证明了肺结核是一种非常古老的疾病，但是它在欧洲频繁出现是从 17 世纪开始的。感染肺结核风险最高的时代是 19 世纪。在今天，使用抗生素治疗肺结核也至少需要半年的时间。

流感：流感也不容小觑，现代人很容易忽视这一点。1918 年至 1920 年，西班牙流感夺走了全世界 2500 万至 5000 万人的生命，无论在那之前还是之后都常有类似的流感暴发。病原体不断变异。

假如你一定要在流感大暴发的时期出行，需要根据出行时间针对引发该流感的确切病原体接种特定的疫苗。

天花最后一次在欧洲暴发是在二十世纪五六十年代。小儿麻痹症和百日咳也是常见的病症，但是作为时间旅行者你已经接种过这些疫苗了。如果你只在欧洲范围内旅行，且旅行时间不早于 1975 年，你面对的病原体与现在基本相同。艾滋病尽管罕见，但当时已经存在——我们建议你在过去同在现代一样进行安全的性行为。

在人类历史进程中，尤其在卫生观念尚未普及、疫苗也没有广泛接种的时代，染上致命流行病的概率在逐渐增加。但并非一切都会变得越来越糟糕。有时疾病也会自行彻底消失，比如“英国汗热病”，其症状与如今已知的疾病都不同。它曾在 1485 年至 1551 年之间暴发了五次——顾名思义，主要集中在英国。其中只有 1528 年 5 月开始的第四次暴发覆盖了欧洲的大部分地区。出行时请你避开相应的旅行时间和地点。

像英国汗热病这样的流行病在今天要么已经绝迹，要么转变成了危害明显更小的病症。这是因为，病原体作为一种微生物，一夜之间消灭整个村庄对它们自身其实并没有益处。如果感染者没有足够的时间将病原体传播到邻近的生物群，病原体就会与宿主一同灭亡，疾病就会随之消失。因此随着时间的推移，大多数病原体会自我调整，适应所感染的宿主。该疾病的发展于是也变得更加缓慢，致死率越来越低。然而有些病原体则无视这一策略。几个世纪过去了，依然有大量苦于天花和鼠疫的受害者。

英国汗热病距现代较近，而且记述详尽。历史上肯定还有年代更久远且没有留下任何记录的流行病。特别是在过去较为偏远的地区，你可能会遇见现代时间旅行医学闻所未闻的疾病。若是这样，“在流行病暴发期间换个地方旅行”这种预防手段就不起作用了。不过，许多问题你还是可以通过常见的卫生手段来处理和解决（请参考《卫生》一节）。

接种疫苗

无论鼠疫、天花还是黄热病、斑疹伤寒等会引起高热的疾病都具有极强的传染性，即使是健康的成年人，感染的后果也往往是致命的，有时患者在几个小时内就会死亡。现代人中很少有人具备应对这类疾病的经验，因此常常会低估在过去旅行感染疾病的风险。出于这一考虑，旅游公司和医疗保险公司针对时间旅行制定了全面的医疗服务，其中最常见的就是为旅行者接种容易感染的疾病的疫苗。

一种常见的错误认知是我们都是大瘟疫幸存者的后代，因此天生对过去的疾病具有抵抗力。原则上说这个想法不完全是错误的。毕竟培育出对某些疾病具有抵抗力的植物或动物是可行的——或者更常见的是不经意间培育出格外容易感染某些疾病的动植物。由此可见抵抗力会以某种形式存在于物种的基因之中。关于人类也有证据表明，在鼠疫和麻风病幸存者的后代的基因中能够发现这些疾病产生的影响。这种遗传倾向可以减少感染的可能性，不过这只是在极其特殊的情况下。另外，这样的基因不一定永远存在，特别是在相关疾病已经消失的情况下。作为个人旅行者，你在制定度假计划时绝不应该指望靠遗传基因来降低感染概率。

一旦你感染某种疾病，免疫系统就会行动起来。如果它之前遇到过某种病原体并且已经产生了抗体，你通常就不会再次生同样的病了——这就是为什么你一生只会发一次水痘。但是你也不应该掉以轻心，因为正如此前提到的那样，病原体会随着时间而发生变异。抗体对某种疾病的旧版本有效，对于新版本却没多大作用。这种情况下抗体与新的病原体根本不匹配。然而，人类的免疫系统与计算机的杀毒软件不同，人体并不会为某种疾病的所有历史版本存档，因此遗憾的是这种情况反过来也适用：如果你对某种疾病的较新版本具有免疫力，你对它过去的变体并不具备免疫力。

至于每隔多久必须重新接种一次疫苗，这取决于病原体的情况。每年都要接种新的流感疫苗，因为流感病毒变异得特别快。细菌——例如鼠疫、肺结核及霍乱的病原体——比病毒变异得要慢，但是也不是太慢：假如你穿越到几百年前，那么所有的现代抗体对它们来说是没用的。

因此，重要的一点是旅行者不能简单地依赖现有的疫苗。请你提前到时间旅行医疗中心，咨询你计划出行的时代需要哪些特定的免疫手段和预防措施。如果你的旅行计划不同寻常，医疗中心可能没有特定时代的疫苗，请你务必事先通知你的旅行医疗保险公司。在现代，没有对应疫苗的旅行时代往往不在承保范围内。

哥伦布问题

过去的一些疾病在现代是完全可以治疗的，或者至少能有效地缓解症状。尽管如此，预防仍然比带着疾病回来要好。且不说过去的许多疾病在现代都要进行报备登记，身上要是有臭虫、虱子或者跳蚤，至少也会让你不太受欢迎。因此信誉良好的旅行社往往会将返回时的全面体检包含在报价之中，而不是将其设为可选项目再额外付费。假期结束后你可能必须得隔离一段时间。这固然不太方便，不过总比不小心带回传染病从而引起一系列问题要好。

将疾病从过去带到现代固然不是人们希望出现的局面，不过好在现代人大多身体健康，也能享受到良好的医疗服务。假如时间旅行者将疾病从现代带回到过去，过去的人也许本就被饥饿或其他疾病削弱了体质，而且还无法获得有效的治疗。

若是遭遇病原体的人群的免疫系统从未与这种病原体打过交道，高死亡率的流行病就可能会出现。克里斯托弗·哥伦布就是这样在无意间成为凶手。哥伦布于 1492 年到达美洲，在此之前，北美洲和南美洲共有约六千万人（同一时期的欧洲有七千万至八千万人）。数千年来，美洲大陆上的居民与世界其他地区从未有过任何接触。亚洲和欧洲在此期间产生的所有疾病对于美洲居民的免疫系统来说都是全新的。在哥伦布抵达后没过多久，鼠疫、霍乱、白喉、斑疹伤寒、流感、百日咳、疟疾、麻疹、猩红热、梅毒、肺结核、伤寒以及最致命的天花消灭了当地约百分之九十的人口。美洲大陆的人口急剧减少，以至于有些研究人员把同一时间出现的全球降温现象归因于此：从前的农业用地再次化为森林，中和了大气中的二氧化碳。

因此，无论如何你都不应该在生病的情况下踏上时间旅行。哪怕你感觉自己身体健康、精力充沛，你依然有可能携带病原体。历史上曾发生过类似的例子：爱尔兰裔美国厨师玛丽·马伦[1]是伤寒的无症状携带者，20世纪初，她在多个家庭里担任厨师，并因此传染了50多个人。由于她并没有生病的感觉，她认为诊断结果是错误的，并固执地不肯放弃自己的厨师工作。因此你可能遇到这样的情况：你在时间旅行前的体检中检查出了某些疾病，虽然你身上可能没有出现什么症状，但是请你还是要进行治疗，否则就无法获得前往某些时代和地区的旅行许可。请服从这样的安排，这能挽救数百万人的生命。

1 玛丽·马伦（Mary Mallon，1869—1938）死于肺炎，而非伤寒，终年69岁。有学者研究认为，马伦之所以携带病原体却没有得到治疗，与马伦是底层爱尔兰裔移民的出身以及随之而来的歧视不无关系。历史上有段时期，人们以“伤寒玛丽”称呼这类带原者，该词具有部分歧视、讽刺意味，现已不再使用这一称呼。

就医

也许你已经做了充足的预防准备，但不幸还是染上了疾病或是受了伤，例如脚不小心被马车轧了。这时你就不得不决定：到底要不要去看医生？

根据旅行的时代不同，在过去看医生可能会弊大于利。你尤其应该避开的是自 1700 年起陆续建立的欧洲医院。在创立后的前两个世纪，这类医院的主要任务是照料穷人——有经济能力的人会给医生打电话，让医生上门问诊。从 19 世纪开始，富人也逐渐萌生了在医院接受治疗或者在医院生孩子的想法，不过刚开始人们都觉得这十分不靠谱。在已经有医院存在，但是还未形成良好的卫生意识或者只是敷衍地搞搞卫生的时代，除非有特别紧急的情况，否则还是建议你不要随便去。

在现代医院出现之前，看医生的风险相对小一些，不过这对你的帮助也很有限。用来为你治疗的当然是来自异域的药水和药膏，比如收集烤猫身上滴下的液体，与事先准备的刺猬脂肪、鼠尾草、熊脂、树脂、蜡等其他东西混合在一起；或是用木乃伊的粉末或国王的粪便制成药物让你吞下去；把木蠹虫熬成汤用来泡澡；把带有刺猬图案的护身符挂在胸前治疗秃头。对于这些治疗方式，也有些时间旅行者乐在其中，不过这主要是出于他们的好奇心罢了。

从另一方面来说，不能仅仅因为过去的药品是上千年前发明的或是里面有些意想不到的奇怪的成分，就认为过去的每一种药都是假的。2015 年，英国微生物学家弗蕾亚·哈里森领导的一组研究人员制作还原了在 9 世纪被用于治疗麦粒肿（眼睑上的葡萄球菌感染）的药方。这种药剂中含有大蒜、葡萄酒和牛胆汁等成分，而且被证明可以有效对抗现代医学难题之一的抗生素耐药性葡萄球菌。也许在未来，研究人员会发现木蠹虫汤和刺猬图案的护身符也有着神奇的功效。

在历史上的一些先进文明中，医护人员都是训练有素的专业人士，在某些特定的时期、对于某些特定的疾病，过去的医者对患者的照料也许不逊色于他们在现代的同行。这关键取决于细节。就好比现代社会拥有高度专业化的医院，但也有各种各样的信仰治疗师一样，过去的医疗范围也很广泛。因此人们不该嘲笑在过去的医疗中使用的蟾蜍粉，正如不该嘲笑在现代医疗当中医保会报销顺势疗法一样。特别是如果你因为某些疾病在当代遍访名医却没有什么效果，不如索性用过去的药物来碰碰运气。

不过有一点很重要，那就是假如这种治疗方式会产生不可挽回的后果，请你务必为自己和同伴坚持立场，避免不必要或者可能有害的治疗手段。最典型的场景是事故造成的截肢手术。在过去，这往往是防止伤口感染扩散到全身的唯一手段。然而从受伤到危及生命，其间会有几天甚至几个星期的时间。如果你在这段时间内返回，是很有可能保全身体的各个部位的。

另外，你还应该避免一切会让病菌直接进入你的血液的治疗方法，包括在许多时代都很常见的水蛭疗法，因为病原体能够在水蛭的消化道内存活几个月且依然具有感染能力。虽然水蛭疗法在现代依然有人实行，但现代治疗采用的是以前从未吸过人血的水蛭。同样流行的还有拔血罐，也就是借助小玻璃杯抽血，这种治疗方式会事先划破皮肤，就像放血疗法那样。只要你遵守这些原则，情况就不会太严重。哪怕是过去最具毒性的疗法，比如水银治疗，也不会立即把你送进坟墓，只有长期接受治疗才会对人体有害。

大多数情况下我们都建议你返回现代后再去看医生。有个值得注意的特殊情况是颅脑损伤导致的颅内压力增加，这种损伤可能在短短几个小时之内就能致命。然而意外的是，在许多时代与文化中都有相关的处置方法，可以延长时间使伤者有机会抵达医术可靠的医院。因此，若是你的同伴头部受伤，瞳孔开始变得大小不一，请你务必立刻咨询医生。即使是在医疗手段比较简陋的时代，也出土过带有已经愈合的圆形开口的头骨。这样的开颅手术很简单，以至于人们进行这种手术往往并不是出于医疗需求，而是出于精神上的原因。在这种状况下你不必干涉医护人员的行为，比如要求煮沸手术仪器。即使你真的这样做了，你成功的概率也不见得比现代医院做手术前你要求献祭一头山羊或者进行类似的荒唐事的成功概率要高。在这种情况下，未经消毒的器械造成的感染属于次要问题，可以返回现代后再解决。

至于其他大多数的医疗急救，要么处置的关键期更长，要么后果没那么致命，因此你可以踏上回程，回家后再接受治疗。与你偶尔在电影中看到的情况不同的是，伤口不需要立即缝合。要是有污物进入伤口，缝合造成的伤害反而更大，最好是让伤口开放式地愈合。如果你对此事很在意，为了使疤痕更美观，你可以在愈合后将伤口打开，重新缝合。

阑尾炎也不是发病后几个小时内必须要治疗的，可以撑上几天。另外，问题可能并不出在阑尾：即使是在现代，度假旅行时吃了不合适的食物后腹痛或者胃绞痛发作也是常见的反应。阑尾炎发作时离医院很远当然很危险，但这种情况相对来说是很罕见的。在今天的出行统计中，突发阑尾炎只占所有健康问题的 0.7%。此外，大多数情况下，因急性问题去看牙医急诊也许会导致你拔掉一颗在现代原本可以保住的牙齿。倒霉的话，拔牙的过程还没有麻醉，因此在去度假之前请你先去检查牙齿。

你前往过去携带的旅行急救箱里装的东西应该与在现代用的基本相同。你可以放心地带上广谱抗生素，不必担心以往传言所说的这些药品会在你旅行期间引发问题。你的区区几枚药片不会导致抗生素耐药性病菌提前在 15 世纪（而不是在 20 世纪）出现，从而使人类灭亡。服药的人体内可能会残留少数具有抗生素耐药性的病菌，但这些病菌在过去的人身上没有任何进化优势，因此不会广泛传播。抗药性病原体有可能反而比它不具备抗药性的亲戚更脆弱，因为它只顾着发展针对抗生素的抗药性了。不过抗生素不是万能解药，它只能对抗由细菌引起的传染病——比如斑疹伤寒。对于天花、黄热病和疟疾则没有效果。

你可能已经有一些野外医学的书籍，但这些并不是时间旅行的实用指南，野外医学往往需要许多仪器和化学药品，而在过去这些你是无法获得的，因此购买一本专门介绍时间旅行医学的指南很有必要。

无论发生什么，请尽量不要死在过去。你体内含有现代的牙齿填充物，也许还有心脏起搏器、人工关节、钢钉、夹板或是其他植入物。除非你碰巧落入活火山口，否则这些残余物在日后会造成混乱。

如果你想帮个忙

你可以通过接种疫苗或者服用预防药物来自我保护，也可以回到现代之后再接受治疗。不过也许你也不想在周围人遭受痛苦时袖手旁观。

事先提醒一句：时间旅行者往往觉得自己有义务帮助过去的病人。这种思想值得称赞，但是如果你没有接受过医疗培训，请不要被这个想法蛊惑，不要以为仅仅因为自己来自未来就可以治疗病人。对于现代医疗技术一知半解反而可能给过去的人造成更大的伤害。举个例子，你不应该尝试利用蛆虫来清除慢性伤口周围的坏死组织，哪怕这在现代很成功。这种方法乍看上去非常简单，而且在时间旅行的时代也完全适用，但前提是使用无菌的蛆虫。在现代，无菌的蛆虫很容易养殖。非无菌蛆虫则会引发感染，这可能比原来的问题更致命。

仅凭你个人的能力，过去的大多数健康问题都是无法解决的，正如你在《两个简单的发明》一章中读到的，凭一己之力制作抗生素也不是个好的选择。但是有三种情况例外：腹泻、天花和梅毒。

腹泻：人在腹泻时，由影响胃或肠道的病原体引发的感染本身往往不会危及性命，真正的危险来自脱水。因此请你牢记20世纪40年代制定并沿用至今的“世界卫生组织口服补液”的配方：6茶匙糖和1/2茶匙盐兑1升水，如果没有茶匙，就用一把糖和一撮盐。身体需要盐来补充流失的电解质，糖则能促进肠道吸收。如果你能每天让病人服下3升这种溶液，他们存活的概率会上升至93%。如果手头没有糖，或者只有在王室宫廷里才有糖，可以用蜂蜜代替。如果没有干净的水，就随便用点水都行，在这种情况下，水中可能含有的病菌是次要问题。如果当时的盐、蜂蜜和糖的价格不至于让人望而却步，那么请你试着说服当地人相信这个药方的功效。

天花：天花有三种免疫方法，都比较容易实现。

中国方法：从天花的痘上取些痂皮，最好是从症状较轻的病人身上获取。将晒干磨成粉末的痂皮吹进需要免疫的人的鼻子里。在中国大约从公元1000年开始人们就是这样做的。这种方式的风险和副作用见下一条。

印度方法：取大头针顶端大小的天花痂皮，用利器粘取痂皮，在皮肤上划出浅浅的切口。最好使用儿童的痂皮，以免在无意间取

用梅毒患者的痂皮。这种方式采用的痂皮不需要是新鲜的，干燥后的病毒在适当的条件下也可以保持数年之久。

大约自 15 世纪起，这种方法在印度、奥斯曼帝国和东非逐渐被人们所知。1720 年左右，英国驻君士坦丁堡大使的妻子玛丽·沃特利·蒙塔古夫人将这种接种办法带到了英国，由此在欧洲传开。大约在同一时期，从非洲绑架来的奴隶奥尼西母将同样的办法告诉了他在波士顿的主人。然而无论在英国还是美国，人们对于这种来自异域的野蛮方法是否有效持怀疑的态度——毕竟《圣经》里没有关于人痘接种的内容。不过经过一番拉扯，天花接种还是得到了普及。以这种方式感染的天花通常温和无害，因为只是在皮下缓慢地传播，使免疫系统有更多时间作出反应。接种过天花的人中有 98%—99% 的活了下来。中国和印度的接种方法也有缺点：以这两种方式接种过天花的人仍然有可能将普通的、危险的天花传染给同伴，天花的症状只有在接种过的人身上才会表现得很轻微。因此重要的一点是将接种过天花的人与外界隔离，脓包消退后再解除隔离。

英国方法：操作过程与印度的方法一样，但是要用牛的乳房或者挤奶女工手上的天花痂皮。18 世纪末，英国医生爱德华·詹纳[1]证明接种牛痘也可以预防天花。牛痘更加温和无害，因此接种的风险较小。然而这种有用的牛痘很难找到，因为这其实是马的疾病，

1 爱德华·詹纳（Edward Jenner，1749—1823），英国医生，以研究、推广牛痘接种、预防天花而闻名。1796 年，他发明了天花疫苗，这是世界上第一支疫苗，他因此而被后世称为“免疫学之父”。

只是偶尔会传播到牛身上，所以你必须得找到在工作时能同时接触到马和牛的人。给牛挤奶的通常是妇女，而照料马匹则通常是男人的工作。因此，在大多数地方你都指望不上奶牛来帮你的忙。

这三种方法的关键都在于及时，也就是在人们感染天花之前应用。就像第一批倡导这些技术的先驱者那样，你在试图引入这种免疫方法时将遭到令你震惊的阻力。上文提到的蒙塔古夫人试图向英国民众推广免疫接种时的经历也许对你有所帮助：最容易被说服的是那些已经有近亲死于天花，或是家里有小孩、想要保护孩子的人。

梅毒：这是一种令人胆寒的疾病，会使人毁容，而且通常是致命的。梅毒可以通过一种不太舒服但是简单得出奇的方法来治疗，那就是感染疟疾。疟疾会导致高烧，而梅毒的病原体梅毒螺旋体无法在高烧时存活。以这种方式治愈的病人不会再患梅毒，但会再得疟疾，而相比之下疟疾的危害更小、更不致命。这种疗法的发明者，奥地利精神病学家朱利叶斯·瓦格纳－尧雷格因此获得了 1937 年诺贝尔生理学或医学奖。原则上来说，这种疗法放在其他时代也都有效。你需要的只是一个疟疾患者和一个注射器。从供血者身上抽取 5 至 10 毫升的血液，为受血者进行肌肉注射或静脉注射。如果能买到来自南美的金鸡纳树皮，就算在治疗过程中染上了疟疾也可以在日后得到治疗，方法是将大约 10 克的金鸡纳树皮磨成粉，与酒混合。根据患者的情况每天喝几次这种难以下咽的饮料，直到退烧为止。

不过这些治疗方法离不开医学知识的支撑。特别是献血者只能是患有比较温和的疟疾，绝不能是患有极为危险的恶性疟原虫疟疾。因此你无论如何都不该亲自动手，而是应该试着把这个办法传达给当时的医者。因为当时迫切需要治疗方法，所以这个办法比许多其他创新事物更有机会被采纳。不过也有可能，就算是瓦格纳－尧雷格想出的好主意，在最初的几十年里也没有被人们当回事。

同天花免疫一样，你需要避免以这种方式得到治疗的患者通过正常的感染途径，也就是通过蚊子把疟疾传染给其他人。尽管疟疾只能由某一类蚊子传播，但是如果蚊子在你看来长得都一样，那么还是用蚊帐比较保险。

要想在过去防治传染病，最有用的办法就是遵守“经常使用肥皂洗手”的规定（请参考《卫生》一节）。然而即使是在信息如此普及的现代，这一条都不是那么容易做到的。不仅如此，卫生状况改善与传染病风险降低之间的关系也并不是立竿见影的。在过去进行这方面的尝试很可能只会败坏你度假的兴致。

卫生

最有效的预防措施很简单，如果你在现代去过国外旅行，而你的免疫系统不适应当地的病菌，那么相信你已经知道这些措施了：勤洗手，不喝生水，吃水果蔬菜时要削皮，食物要完全煮熟再吃，睡蚊帐，在身上和衣服上喷些杀虫剂，避开密集的人群，尽可能避免与当地人交换体液等。不过，一丝不苟、持之以恒地遵循这些规定也并不是那么容易：热情的当地人会送你食物，邀请你用公用的容器喝饮料，而拒绝对方是不礼貌的行为。此外，激动人心的有趣事件发生时，往往也少不了密集的人群。

因此在出行前，你要养成不用手摸眼睛、鼻子或嘴巴的习惯。这样不仅能减少在过去感染疾病的可能性，对现代生活也有帮助——比如下一次流感暴发的时候。此外不乱摸这些部位也是有礼貌的表现。

洗手，尤其是在用餐前后洗手，在许多时代和地区都被视为有教养的行为。然而在 19 世纪病原体被发现之前，用餐前后洗手更算是宗教和社会仪式问题，其目的只是为了在视觉上给人一种手很干净的印象。这一点直到现在也没有什么变化。一次次研究表明，即使是在工业化国家，很大一部分人要么洗手次数太少，要么时间太短，要么没有使用肥皂。只有极少数人能做到按照标准方法清洁双手：用水和肥皂搓洗至少二十秒，包括指缝。甚至就连医务人员也会忽视手部卫生。因此在现代居高临下地指责过去不卫生还为时尚早。

至少在五千年前，肥皂或者类似肥皂的东西就已经存在。尽管如此，还是请你从现代的家里自带肥皂。它不会留下任何考古痕迹，而且是一份很适合送给东道主的小礼物。不要试图用颜色特别鲜艳或者透明的肥皂来打动收礼物的人。通常，最受欢迎的总是那些看起来与人们熟悉的东西相似，但闻起来或者看上去更贵一点的东西。不过请注意，不要给人留下这样的印象：你认为自己前去度假的地方没有肥皂、不够文明或者认为你的东道主不爱洗漱。无论什么时代，所有人都认为自己是干净的——只是人们对干净的判断标准不同。这在过去和现在没什么两样。

找厕所

如今，许多考古人员都很关注人们在过去的厕所里会有哪些发现：寄生虫和虫卵、被食用的动植物的 DNA、种子和果核以及残留的清洁剂。对于考古学来说这个在研究领域往往收获颇丰，但是却给时间旅行者带来了难题，在某些情况下，就算是可降解的废弃物也可能在上千年后被人识别出来。因此为了避免给其他平行世界中未来的考古学家造成困扰，你在过去的厕所里不可以留下卫生纸或者卫生棉条，更不用说卫生巾之类含有塑料的卫生用品。

这意味着你在上厕所时必须符合当地的习俗。卫生纸是在 1880 年才发明的，在 1900 年之前西方国家几乎没人使用卫生纸。在欧洲的许多地区，直到 20 世纪，人们仍然在用剪成小块的报纸擦屁股。在 1880 年之前采用的种类则更广泛。根据旅行的时间和地点不同，你有可能使用固定在棍子上的海绵（例如古罗马的厕所）、左手、植物的大叶子、苔藓、鹅卵石或者棍子来当手纸。

在现代的一些文化中，人们在排便后会用水和左手清洁身体，如果你在现代也生活在这样的地区，那么你回到过去时依然可以这样操作，因为水不会留下考古痕迹。不过这样你就必须认真洗手，由于当地可能缺乏肥皂和清洗设备，这有可能难以实现。请你携带充足的免洗洗手液（并把装洗手液的容器带回家），很多场合也都用得上。

在某些文化中，比如古罗马，你必须具备使用公共厕所的能力，这里的“公共”意味着在场的人方便时都能看见彼此。截至本书出版时，我们尚不清楚妇女是否也会使用这样的公共厕所，如果不用，我们也还不清楚女性采用什么替代办法。除了解手，妇女还要面临月经的问题。在人类的多元历史中，对于这个问题既缺乏详细记录又缺乏深入研究。模仿他人的做法不见得永远行得通。即使了解当地的习俗，也不是所有的时间旅行者都愿意去适应这些习俗。在欧洲的许多地区，直到 20 世纪，使用带有布垫的月经带依然是很常见的行为。旅行者必须找地方清洗并晾干这些卫生带，总的来说，这是件既不舒服也不方便的事情。

用硅胶或其他人工材料制成的月经杯可以清洗并重复使用多年。在现代，人们去基础设施不完善的地区旅行时也经常使用它。然而月经杯的使用需要一定的练习，请不要等到达古罗马之后才首次尝试使用它。从 19 世纪开始，出现了有关用布制成的可重复使用的卫生棉条的记载，这种棉条可以自制，如今甚至能直接买到带有绳子的海绵。如果有人问起（隐私在过去的大多数时代都是稀罕物），这两种东西都比橡胶制品更容易解释。

假如你实在不愿意入乡随俗，你就必须得把所有的废弃物带回家，就像在珠穆朗玛峰探险或是乘船穿越科罗拉多大峡谷的人那样。请你提前为这部分不寻常的行李想个解释。

带走与带来

出行装备的选择在很大程度上取决于你度假时打算做什么、想去哪里。唯一普遍适用的规则与现代国家公园和自然保护区的游览规则差不多：把你带来的所有东西都带走。你留下的痕迹不应该与当时、当地的人们有所不同。有些旅行社非常重视这条规定，只允许你穿上当时的服装回到过去，否则就不许去。不是所有人都有兴趣按照这种严格的方式进行时间旅行。最起码你可能想带着相机去拍些度假的照片。若是你要去史前时代旅行，就必须自己配备野营用品：帐篷、睡袋、炊具、滤水器、成品食物等等。如果你去的时代已经有旅馆、旅店等人类文明的成果，那就容易多了（请参考《交通与住宿》一节）。在这些地方你可以极简出行，到当地置办一切必需品即可。

人们度假时喜欢收集纪念品，比如石头、贝壳、明信片或者艺术品，这些有形的东西能让我们回想起度假时短暂的美好时光。过去有许许多多令人心动的纪念品，而这些东西在现代要么不可能获得，要么极为难得。每个角落都蕴藏着一段历史，其中的诱惑实在巨大。一些过去的物品在现代十分宝贵。克洛维斯人[1]的矛尖，失传的书籍的原稿，比如赫尔曼·梅尔维尔[2]的《十字架岛》，或者20世纪50年代的烟灰缸：所有这些东西都不难在现代找到感兴趣的买家。有商业头脑的时间旅行者会认为这是个快速发财的好办法。

由于你作为时间旅行者是在一个平行世界中旅行，这种情况下带回纪念品就变得相当复杂了。比方说，如果你在那里偷了一个古董厕纸架，那么在这条历史分支中就会少一个厕纸架。（这是个虚构的例子，实际上至19世纪末才能买到卷筒卫生纸。）相反地，当你把厕纸架带到现代，带到你所来自的时间版本中，那么在这个平行世界里同一个物体就会存在两份：一个是在它原本的位置——如果它能留存到现在的话，另一个则是作为纪念品存在。如果有人在现代发现了旧版本，就会造成很大的混乱。因此我们总体上不建议游客在过去偷拿物品，因为这只会造成麻烦，以及缺少厕纸架的马桶。

还有另一个难题：在旅途中用很少的钱买一幅凡·高的画作带回来，或当作纪念品，或用来投资，这种做法很诱人。然而这样的

---

1 克洛维斯文化（Clovis），又名拉诺文化，是北美洲一种史前的古印第安人文化，据信于13000年前出现，存在了200—800年。克洛维斯人拥有特定的工具，能用来猎杀大型哺乳动物。一般认为克洛维斯人是最早到达新大陆的人类，是南北美洲原住民的祖先，但近年来的考古研究又提出了新的质疑。

2 赫尔曼·梅尔维尔（Herman Melville，1819—1891），美国小说家、散文家和诗人，也担任过水手、教师，他最著名的作品是《白鲸》。文中提到的《十字架岛》是梅尔维尔写的第八本书，主人公是一名女性，可惜手稿没能出版便佚失了。

凡·高画作跟其他所谓的“古董”一样，看上去是全新的，因此在现代观众看来并不怎么真实。但这不应该成为你不去碰这种纪念品的主要原因。你或许在博物馆看见过被探险队从原在国装进袋子里掳走的艺术品或宗教器物，想必你也认为这种行为是不对的。请你把自己所处的时间分支看成另一个国家，不要在离开时夺走属于他们的凡·高的《星月夜》。

你可以毫不犹豫带走的是记忆和照片。这些照片会给现代带来极大的帮助。如果你依然对凡·高感兴趣，可以试着凑近他刚刚完成的画作，并把它拍下来。众所周知，他在画作中使用的色彩已经随时间发生了变化。因此你拍的照片肯定会让专家们大为欣喜。最可靠的方法则是请人拿着一张标准色卡，以不被引起注意的方式站在画作旁边。凡·高举办的为数不多的展览中有些是在餐馆里举办的，因此人们不会像在今天的博物馆里那样密切留意你的举动。

凡·高的画作尺寸大多为众人所知，但过去的其他拍摄对象的情况大多数并非如此。对于较小的画作或物体，你可以把色卡当作比例尺。如果要拍摄大型恐龙或建筑，我们建议你去考古用品店买一套比例尺带着，大约花七十欧元就能在专卖店买到。

为了使你在过去拍摄的照片在现代尽可能充分地发挥作用，你应该注意记录拍摄的地点和时间（请参考《恐龙王国》一章）。只有保留这些元数据，快照才能成为有价值的资料。你的相机可能会默认记录每张照片的 GPS 坐标。这在现在很实用，但在过去就不灵验了。首先是 20 世纪末以前不存在 GPS 卫星，无法帮助相机确定自身的位置。另外，即使掌握了这些信息，也只能间接地提供帮助，因为拍摄完毕之后那块大陆很可能已经漂移到别的地方了。

更有用的是记录拍摄地点在大陆上的相对位置，但这在大多数情况下都难以实现。如果是在现代，人们也许会在当地安装金属或石头制成的水准点或者测绘学定位点，但对于一张度假照片来说这未免过于大费周章。此外，从拍摄照片到现在发生的种种地质变化（冰川形成、俯冲作用、侵蚀作用）往往会使整个地区改头换面，无迹可循。

在距今较近的时代，在拍照时你可以试着让今天依然存在的建筑进入你的取景框中，比如科隆大教堂、古罗马斗兽场或者类似的建筑。如果实在找不到合适的参照物，至少要朝东西南北四个方向分别拍张照片，以便人们以后有机会判断你的位置。

推荐给时间旅行者的阅读书目

✦

斯坦尼斯拉夫 · 莱姆
Stanisław Lem
《星际旅行日记》
(*Dzienniki Gwiazdowe*)

幸运的是，宇航员伊翁 · 蒂奇为我们留下了他穿越时间旅行时的大量信息，由斯坦尼斯拉夫 · 莱姆做了详细的记录。若非如此，我们对宇宙之荒谬几乎一无所知。我们尤其推荐第 18 次和第 21 次旅程，其中讲述了如何在时间旅行中进行有针对性的干预，从而改善人类、地球乃至整个宇宙的历史。蒂奇是时间旅行的先驱，更是通过时间旅行改善世界的先驱。他很早就意识到过去就像一家瓷器店，时间旅行者置身其中，行为举止好似一头大象。当然，从今天的角度来看，他详尽阐述的故事都建立在错误的假设之上——时空穿梭机并不像女巫的扫帚。不过其中依然包含许多值得了解、可以为我们所用的内容。

伊恩·莫蒂默
Ian Mortimer
《时间旅行者的中世纪英国漫游指南》
（*The Time Traveler's Guide to Medieval England*）

这是一本由历史学家撰写的14世纪英国专用旅行指南。尽管这本书是在时间旅行尚未发明时写成的，但是它的目标读者是时间旅行者，里面有许多实用的建议与思考。如果你想知道在中世纪晚期的英国城镇或乡村度假时该如何穿着打扮、如何付钱、如何行事、如何与人交谈以及在谈话时应该注意哪些方面，你完全可以相信这本详细、全面又有趣的书。莫蒂默还写过有关英国其他时期的类似作品，特别是关于16世纪末和17世纪的作品。

费尔南·布罗代尔
Fernand Braudel
《15—18世纪的物质文明、经济和资本主义》
（*Civilisation Materielle, Économie et Capitalisme: XVe-XVIIIe Siècle*）

这本650页的书里满是背景知识，对前往早期现代欧洲的时间旅行者而言颇为实用：食物、饮料、住房、服饰、时尚、技术、交通、货币、城市生活——法国历史学家布罗代尔[1]通过统计数据和原始资料编汇了大量详细的内容。这本书重点写的是法国，不过其中也有许多关于欧洲其他地区的实用信息。这本书写于20世纪70年代，与目前最新的研究成果相比已经有些落后了，但它的优点在于通俗好读，甚至会让你把时间旅行这码事抛在脑后，只想躺在床上看书。

林齐·菲茨哈里斯
Lindsey Fitzharris
《治愈的屠宰》
（*The Butchering Art*）

有些人认为把现代卫生知识应用到过去是件易事，他们在踏上旅途前都应该读一读这本书。1865年，约瑟夫·李斯特开始尝试使用苯酚为手术伤口和手术器械消毒。当时他在格拉斯哥大学担任外科教授，在该市最大的医院工作，是苏格兰名医詹姆斯·西姆的女婿，当时西姆被同事们称赞为“外科拿破仑”。与时间旅行者相比，他可是处于更有利的位置。尽管李斯特极为显著地降低了患者的死亡率，但当时的外科医学界仍然相信造成感染的原因在于不

1 费尔南·布罗代尔（Fernand Braudel，1902—1985），法国著名历史学家，年鉴学派（得名于法国学术期刊《经济社会史年鉴》）代表人物。他主张从地理时间、人文时间、各别时间三个层次来探讨历史，而且不同于传统的历史写作以政治、军事史为主，布罗代尔先从地理环境出发，其次探讨社会经济形态，最后才以这些为基础阐释当时的政治、军事等。

新鲜的空气，或是病菌自然形成的结果。李斯特因此遭到同行的嘲笑，受到医学媒体的批评。直到多年后他的研究发现才被人们接受。因此请你不要指望自己能在 19 世纪度假期间促成迅速的进步。

迭戈·德·兰达
Diego de Landa
《尤卡坦风物集》
（*Relación de las cosas de Yucatán*）

我们对玛雅人的了解实在太少（请参考《踏上陌生的小径》一章），因此哪怕 16 世纪的书籍对时间旅行者来说也是有用的。如果能读到玛雅人的原始著作当然更好，不幸的是，此类著作鲜存于世——其中一部分原因是尤卡坦的西班牙主教迭戈·德·兰达将这些著作尽数销毁了。因此，时间旅行者不得不依赖二手、三手甚至是四手的资料，并时刻提醒自己这些资料是由同样不了解玛雅文化的人以他们的眼光来撰写的。如果你读过德·兰达的《尤卡坦风物集》，对于那片土地、当地传统、野生动物、食物和饮料，你至少能够多一点了解，不过你也一定能看出其中有些内容根本就是错的。

莱昂哈德·霍洛夫斯基
Leonhard Horowski
《国王们的欧洲》
（*Das Europa der Könige*）

要是你认为17—19世纪的欧洲与今天没什么不同，那么一方面来说你这种认识是不太正确的，另一方面来说阅读这本书能让你学到很多知识。《国王们的欧洲》通过极为详细的描写，刻画了欧洲上流社会的图景，每一篇都围绕一个地方、一个时代或者一个事件展开。每个故事自成一体，每篇都像是一次穿越时空的旅行，共同构成了一次精彩纷呈、错综复杂的悠长假期。读到最后你才发现这本书竟然有一千多页，而你已经好几天没有睡觉了。特此提醒：讨厌在叙述过程中不断离题穿插其他信息的读者可能难以接受这本令人拍案叫绝的书。

伊丽莎白·德雷森
Elizabeth Drayson
《摩尔人的最后一处据地》
（*The Moor's Last Stand*）

在《难忘的周末》一章中，我们曾建议你去奈斯尔王朝时期的格拉纳达旅行。这个伟大的时代随着穆罕默德十二世的统治画上了句号，而穆罕默德十二世的统治又是在西班牙人在 1492 年征服格拉纳达才结束。如果你对奈斯尔人及他们的没落历史感兴趣，那么伊丽莎白 · 德雷森这部了不起的作品值得一读。该书从摩尔人进入西班牙讲起，以奈斯尔人遭到驱逐而告终。这本书叙述详尽、富有趣味，读者可以从中了解到统治者们无休无止的密谋、屠杀、谋害、绑架、宏大的历史纠纷，以及不得不想办法应对混乱局面的普通人的生活。这本书可谓是前往格拉纳达旅行时的理想读物。

霍尔格 · 托马斯 · 格拉夫、拉尔夫 · 普洛夫
Holger Thomas Gräf，Ralf Pröve
《踏上未知的路途：通往早期现代的旅行，1500—1800 年》
（*Wege ins Ungewisse: Reisen in der Frühen Neuzeit, 1500—1800*）

这本书从各个方面对前往历史上的欧洲的旅行进行了精彩的概述，其中包含关于旅行的所有重要内容：准备工作与出行装备、路线、交通工具、住宿与饮食、随行人员、障碍与危险。尽管目标读者不是时间旅行者，但本书可以作为帮助你选择或避开某个旅行目的地的实用指南。其中许多引文都出自原始游记，非常实用。

奥克塔维娅 · E. 巴特勒
Octavia E. Butler
《血缘》
(*Kindred*)

文学作品中的时间旅行者往往是白人男性。与其说这与过去或者未来的情况有关，不如说与当代创作这本书的作者关系更大。然而正如这部小说一样，有时其中的原因也与穿越到达的时代有关。在这本书中，一位名叫达娜 · 富兰克林的女作家通过某种未详细阐明的方式意外地踏上了时间旅行，来到一座位于 19 世纪初马里兰州的种植园。由于达娜 · 富兰克林是个黑人，一些具体的问题也随之产生。

戴维 · 多伊奇
David Deutsch
《真实世界的脉络》
(*The Fabric of Reality*)

戴维 · 多伊奇是一位英国的理论物理学家，他在 20 世纪末、21 世纪初为量子力学的多世界诠释的发展和普及做出了很大贡献。这本优秀的作品内容全面，很值得一读，其中多伊奇借助四个环环相扣的基本理论阐释了整个世界。四个理论的其中之一就是量子力学以及与之相关的平行宇宙。第十二章的主题是时间旅行，多伊奇认为这很难，但并不是彻底没有实现的可能。

玛丽 · 比尔德
Mary Beard
《女性与权力：一份宣言》
（*Women & Power: A Manifesto*）

你固然有诸多理由不去读一份宣言。不过就这份宣言而言，可以为它网开一面。首先这部作品的篇幅不长，只有一百多页。其次，玛丽 · 比尔德的宣言与其他宣言有所不同，它既有娱乐性，又有指导性，写作风格一点都不傲慢或是浮夸。最后是这份宣言涉及一个几乎与本书的每一章节都相关的话题：为什么无论在历史上还是在现代，都难以听到女性的声音？“这个建议非常好，特里格斯小姐。也许在场的某位男士应该提一下这个建议。”这个笑话源自里安娜 · 邓肯的一幅漫画，比尔德在人类历史中上下求索，从古至今，她想要探究的正是这个笑话背后的问题。

约翰 · 戈特弗里德 · 索乌姆
Johann Gottfried Seume
《锡拉库扎行记》
（*Spaziergang nach Syrakus*）

1801 年至 1802 年，索乌姆从德累斯顿附近的城镇格里马徒步前往西西里岛的城镇锡拉库扎。在这段旅程的记述中，他给出了许多实用的建议，包括如何寻找住所，在当地应该如何行事，如何尽量避免遭到抢劫，以及意大利的哪些地方会把遭到处决的强盗的尸骨和“干透了的头颅”摆在路边示众。

瑞安 · 诺斯
Ryan North
《万物发明指南：时间旅行者生存手册》
（*How to Invent Everything: A Survival Guide for the Stranded Time Traveler*）

万一时空穿梭机出故障了怎么办？这本书非常实用，对于本书提到的旅行指南起到了很好的补充作用，而且内容生动有趣。它是诺斯的代表作，对于人类历史的前二十万年颇为适用：如何创造语言、实用的数学运算、计量单位、农业知识、医药知识、计算机等。该书大约五百页，其中有大量具体的操作指导。然而，这本书只有在与性有关的章节中才会提及女性，因此与女性相关的时间旅行问题依然悬而未决。另外，这本书中也没有关于如何构建政治、法律、宗教以及和平相处的方式的建议。由于这本书主要在讲技术方面的知识，而忽略了本质问题，因此会给人留下这样一种印象：过去的人有点儿蠢笨。

詹姆斯 · 伯克
James Burke
《弹球效应》
（*The Pinball Effect*）

早在时间旅行尚未问世的时候，另类历史写作就已经流行了，1996 年伯克出版的这本书也非常符合这一趋势。据伯克描述，历史就像在机器中飞驰的一颗弹球，一路随机撞上不同的障碍物。本书的叙述在几个世纪之间跳跃，将看似毫不相关的事件联系在一起。阅读伯克的作品有点像听聪明的醉汉说话：令人痴迷又困惑，事后给你的除了头疼，还有许许多多的疑问。请不要依据这本书来制定假期计划，除非你已经详细核对过所有细节。

后记：无可取代的真相

真相就是你根本不需要一份通往过去的旅行指南，其中的原因很简单：很遗憾，目前人们还无法穿越到过去。在这本书中，我们想象出了一个可以穿越时空的世界，在这样的世界里，你当然需要一本旅行指南。

这本书之所以有效，是因为我们做出了一系列假设，其中每一项与当前的科学结论都不矛盾。我们的各项活动都在如今已知的有关宇宙、时间和历史的框架之内。在这个框架内，我们决定创造一个稍加改变之后的现实，这一方面使得这本书的存在成为可能，另一方面增添了本书娱乐性，读来觉得风趣幽默。真实的世界也许截然不同，但是如果世界真的变成我们想象的那样，那么在未来，当时间旅行成为可能，这本书就可以派上用场了。

以下是本书中的几个重要假设。

时间旅行可以实现，人们已经发明出了办法。

截至本书出版的那一年，我们仅仅能够确定时间旅行是有可能实现的。至于它是否真的可以实现，以及重要的问题——如何实现，人们依然争论不休。你可以在《时间旅行简史》一章中读到更多相关内容。既然打算写一本关于时间旅行的书，就必须忽略目前的疑虑，坚定地假设时间旅行确实存在。至少我们并不是第一个做出这种轻率假设的人。

时间旅行不仅可以实现，操作起来还并不太难。

今天许多科学家都说，如果有一天真的发明出了回到过去旅行的办法，这种旅行必定花费不菲。首先必须把黑洞推到一个特定的地方，然后时间必须以某种特定的方式扭曲，最后，在你打算前往的过去必须也有一台时空穿梭机。听起来似乎时间旅行最多只能是特权精英阶层才能享受的乐趣，就像今天的月球旅行一样（在《关于时间旅行的九种传言》一章中对这方面的限制有更多的介绍）。至少在这样的未来，人们是不需要旅行指南的。我们的办法则是想象出一个“中转区”，人们可以在其中活动。这个区域以其自身的正常时间围绕着正常的世界。时空穿梭机沿着特定的路径将你运送到中转区，就像飞机沿着特定的路线在空中飞行那样。这种设备究竟能否存在还值得探讨，不过至少不能完全排除其存在的可能。

平行世界有许多，我们生活的世界是其中一个。

详细地来解释这个假设就是：假如量子力学的多世界诠释是正确的，或者至少不像其他方案那样不靠谱。在现实中，有关平行世界是否存在以及如果存在应该如何应对的问题的争论很激烈。在《时间旅行简史》一章中有更多这方面的内容。

但我们别无选择。假如只有一个世界，也就是说包括你在内的所有事物都只有一个版本，那么这本书就会立刻遇到灾难性的问题。时间旅行者在过去所做的一切都只会对这一个世界产生影响。这意味着最初几次时间旅行结束后，世界将不再拥有可信赖的稳定的历史版本，所有关于在过去旅行的指导建议都将是无效的。此外这个世界还将充斥着时间旅行者。在拥有许多平行世界的宇宙中则不会出现这样的冲突。你在一个平行世界中旅行，而你出发的旧世界并不会发生改变。

每次时间旅行都会创造出一个新的平行世界。

假如你在时间旅行中改变了某些事物，就会产生新的时间分支。严格来说，我们认为在你抵达过去时已经创造了一个新的时间版本，而你作为时间旅行者在这个新版本中登陆。这个假设使你的时间旅行变得更加有趣，因为你可以改变世界上的一些东西（哪怕只存在于你去旅行的平行世界中也好）。

不过当然，情况也许完全不同。有的量子物理学家会说你去度假的平行世界其实早已存在。你做出不同的决定，只是从世界的一个版本转移到另一个版本。一切都早已存在。除了你的经历，其他事物不会发生任何改变。我们之所以决定采用不同的设定，是因为这样你能做的事情远不止于在不同的世界版本之间跳来跳去。你可以通过自己的行动创造新的宇宙，也许会更好，但也有可能会更差。

时间旅行者抵达和离开过去的场景，当地人不可见。

我们想象一下，你降落在某个地方，在当地人也就是过去的人们看来，那个地方没有任何可疑之处。也许是一片草地、一块岩石，或是森林中的一块空地。你返回时也会从类似的地方出发。只有在现代才设有类似时间旅行火车站的场所，你从那里出发被传送到过去。这是完全能办到的：毕竟我们的直升机可以在各种地方降落且不必事先建造机场。曾有宇航员飞往月球，那里也没有机场。除此以外，未来技术的发展往往基于过去无法预见的力量和领域，比如我们能够以不可见的电磁辐射的方式将图片和电影从一处传送到另一处。未来的技术能精确地瞄准时空连续体中的某一个点，而且不必事先在那里建造一条降落跑道，这有何不可呢？广义相对论的支持者会反对说，若想穿越到过去，另一端必须还有一台时空穿梭机才行。但是根据目前的知识，这似乎并不是绝对必要的条件。假如只能穿越到已经具备时间旅行站点的过去，那么能够穿越的时代可谓少之又少，从我们的角度来看，所有这些时代都只能是未来。

即使时间旅行在某些时代已经存在，但人们对过去的探索还不够彻底。

假如时空穿梭机真的存在，想必人们会说，历史学家和考古学家将会是第一批，至少是第二批使用者，以此解开所有尚未破解的谜题。只有在这些工作完成之后才会允许游客穿越到过去。但是如果人们已经对整个过去进行了充分的研究，那么这本书里的大部分内容显然是不适用的。毕竟时间旅行的一部分魅力就在于有些事情是你事先不知道的。另外，根据完全不存在的假想史书来写书未免太困难了。因此我们假设，由于某种原因，目前的专家们还尚未使用时空穿梭机。也许是他们在使用现代技术时遇到了难题；也许是他们离开了大学，成立了自己的时间旅行公司。这两种情况都有可能。

人们不能随心所欲地在平行世界之间来回穿梭。

相较而言，回到过去的某一点不算是特别复杂的过程——至少在已经有时空穿梭机存在的世界里是这样。在那条平行世界的分支里度过两个星期，然后再穿越回现代这个确切的出发点，这样似乎也行得通。但是如果你像《关于时间旅行的九种传言》一章中提到的那样，帮助希特勒在艺术上取得成就，并想知道他后来会有怎样的经历，这会出现什么情况呢？你必须穿越到一个在我们这个世界的过去里根本不存在的时间节点。它只存在于别的地方，在不远处，在你曾经去旅行的那个平行世界里。如果我们虚构的时间旅行社实现了这样的操作，就会产生无穷无尽的混乱。正因如此，我们一直避免在书中讨论这一点。也许没有人注意到吧。

这本旅行指南来自未来或者另一个版本的现在，

在那里，有些事情是不一样的。

《时间旅行简史》一章中曾经提到：“如今，波函数坍缩已经与燃素、以太和火星运河一起躺在了科学史的垃圾堆里。”实际上波函数坍缩与其他三种现象不同，它依然存在于教科书里。也是在同一章里我们说，未来虫洞将被称为“波尔祖诺夫隧道”。这种可能性几乎不存在。该章中还提到：“如今诺维科夫更为人熟知的学说是他在 1964 年提出的白洞可能与黑洞同时存在。相比之下这一理论更加成功。今天的我们已经很难想象，日常生活中如果没有白洞将会是怎样的情景。”诺维科夫是真实存在的，而且他确实提出了这一理论。然而到目前为止，我们在日常生活中仍然可以很轻松地想象没有白洞的场景。不仅如此，遗憾的是，多个平行世界带来的伦理问题在 21 世纪的哲学界引发了激烈的辩论，这一点也是虚构的，但其实应该这样。

致谢

✦

这本书的创意源自物理学家马蒂亚斯·兰普克（Matthias Rampke）。亚历克斯·朔尔茨从未与他见过面。卡特林·帕西格最后一次见他则是在十多年前，她记得他当时说他在梦中获得了这本书的灵感。然而后来通过电子邮件问及此事时，兰普克却表示一点儿都不记得了。无论如何这很可疑，没准儿其中牵扯到一台时空穿梭机。

倘若没有柏林罗沃尔特出版社（Rowohlt Berlin），这本书肯定无法面世。在此我们要特别感谢贡纳尔·施密特（Gunnar Schmidt）和乌尔里希·万克（Ulrich Wank），感谢我们的编辑弗兰克·波尔曼（Frank Pöhlmann）渊博的学识和精到的点评，还要感谢莫尔图书代理处（Agentur Mohrbooks）的塞巴斯蒂安·里彻（Sebastian Ritscher）为这本书做出的努力。

本书中的许多章节都由专业人士进行了校对，另外许多志愿者也或当面、或通过电子邮件的方式解答了我们的疑问。我们要特别感谢历史学家莱昂哈德·霍洛夫斯基、考古学家兼犯罪学家唐娜·耶茨（Donna Yates）、安妮·贝克尔（Anne Becker）医生、理论物理学家克里斯·胡利（Chris Hooley）、天体物理学家简·格里夫斯（Jane Greaves）、天体物理学家马库斯·珀索尔（Markus Pössel）、“文艺复兴数学家”托尼·克里斯蒂（Thony Christie）。多亏了福尔克尔·朔尔茨（Volker Scholz），最终出版的书中所包含的从句比第一版要少得多。我们还要感谢推特上的各位历史学家和科学记者，虽然他们并不知道这本书，但他们的工作间接地为本书提供了帮助，比如利百加·希吉特（Rebekah Higgitt）、瓦内萨·海吉（Vanessa Heggie）、夏洛特·莉迪亚·莱利（Charlotte Lydia Riley）、乔·艾吉（Jo Edge）、林齐·菲茨哈里斯（Linsey Fitzharris）、安吉拉·塞尼（Angela Saini）、卡斯滕·蒂默曼（Carsten Timmermann）、詹姆斯·萨姆纳（James Sumner）和菲利普·鲍尔（Philip Ball）。

本书中肯定还有一些错误，这些错误由笔者自己负责。也许在某个地方存在一个平行世界，在那里，这本书中是没有错误的。运气好的话，也许你就生活在那个世界里。

译名对照表

✦

A

阿道夫·希特勒 Adolf Hitler

阿尔伯特·爱因斯坦 Albert Einstein

阿尔弗雷德·魏格纳 Alfred Wegener

《阿尔弗雷德·魏格纳：科学、探索与大陆漂移理论》 *Alfred Wegener: Science, Exploration, and the Theory of Continental Drift*

阿尔罕布拉宫 Alhambra

阿尔卡赛利亚集市 Alcaicería

阿尔庭（全体会议） Althing

阿卡德帝国 Akkad

阿里·索吉尔松 Ari Þorgilsson

阿米尼乌斯 Arminius

阿普斯利·彻里 – 加勒德 Apsley Cherry-Garrard

阿兹特克人 Azteken

埃尔南·科尔特斯 Hernán Cortés

埃尔温·薛定谔 Erwin Schrödinger

埃克尔斯（虚构人物） Eckels

埃朗根 Erlangen

埃里希·昂纳克 Erich Honecker

埃里希·凯斯特纳 Erich Kästner

埃利亚斯·冯·洛温 Elias von Löwen

埃米·诺特 Emmy Noether

埃奇沃思·戴维 Edgeworth David

艾奥（木卫一） Io

艾达·B. 韦尔斯 Ida B. Wells

艾费尔地区 / 山区（德国地名） Eifel

艾哈迈德·伊本·法德兰 Ahmad Ibn Fadlan

艾马拉语 Aymara

爱德华·彭利·亚伯拉罕 Edward Penley Abraham

爱德华·威尔逊 Edward Wilson

爱德华·詹纳 Edward Jenner

安达卢西亚 Andalusia

安德烈·马雷克（虚构人物） André Marek

安赫尔瀑布 Salto Ángel

B

C

D

达布隆 Doubloon

达克特金币 Ducat

达勒姆 Dahlem

达娜·富兰克林 Dana Franklin

大贝伦 Großbeeren

大卫·希尔伯特 David Hilbert

大卫·休谟 David Hume

大西洋中脊 Mid-Atlantic Ridge

戴比尔斯公司 De Beers

戴维·多伊奇 David Deutsch

丹·街头说书人博士 Dr. Dan Streetmentioner

《弹球效应》 *The Pinball Effect*

道格拉斯·亚当斯 Douglas Adams

德莱塞 Draisine

德里希·尼古拉斯·温克尔 Dietrich Nikolaus Winkel

德塞尔比 De Selby

《地心抢险记》 *The Core*

的的喀喀湖 Titicaca Lago

低轮双轮安全车 Niederes Sicherheitszweirad

荻野久作 Kyusaku Ogino

第谷·布拉赫 Tycho Brahe

蒂亚瓦纳科 Tiwanaku

迭戈·德·兰达 Diego de Landa

《定居书》 *Landnámabók*

毒蛇鰧鱼 Petermännchen

杜兰特 Durante

《对青霉素的进一步观察》 "Further observations on penicillin"

多峇火山 Toba

多佛尔 Dover

多格兰 Doggerland

多格滩 Doggerbank

多瑙河 Donau

多赛特街 Dorset Street

E

恩斯特·弗洛伦斯·弗里德里希·克拉德尼 Ernst Florens Friedrich Chladni

F

法布里奇奥 Fabrizzio

法国国王查理八世（别名"和蔼的"） Charles VIII l'Affable

法律演讲人 Gesetzessprecher

法罗群岛 Faroe Islands

泛大陆 Pangaea 或 Pangea

范妮·安吉丽娜·黑塞 Fanny Angelina Hesse

腓特烈大街 Friedrichstraße

腓特烈二世 Friedrich der Große

费迪南多三世 Ferdinand III.

费尔南 · 布罗代尔 Fernand Braudel

《费利克斯买芥末酱》 *Felix holt Senf*

风暴预测仪 Tempest Prognosticator

冯 · 荷尔斯泰因 von Holsten

弗兰 · 奥布莱恩 Flann O' Brien

弗蕾亚 · 哈里森 Freya Harrison

弗里德兰德路 Friedländerweg

弗罗林金币 Florin

弗洛瑙站 Frohnau

G

盖伦 Galen

高夫地图 Gough Map

高轮双轮安全车 Hohes Sicherheitszweirad

哥伦布纪念博览会（1893）World's Columbian Exposition

哥廷根 Göttingen

格拉纳达 Granada

格劳巴勒男子 Grauballe-Mann

格里马 Grimma

格鲁克 Gluck

格孙特布伦嫩站 Gesundbrunnen

更新世 Pleistocene

贡萨洛 · 格雷罗 Gonzalo Guerrero

古蕨 *Archaeopteris*

古斯塔夫 · 埃菲尔 Gustave Eiffel

古斯塔夫 · 特鲁夫 Gustave Trouvé

古腾堡 Gutenberg

古新世－始新世极热事件（缩写为 PETM，亦作 ETM1）Paleocene–Eocene thermal maximum

国会酒店 Congress Hotel

国际电力博览会 International Exposition of Electricity

国际空间站（简称 ISS）International Space Station

《国王们的欧洲》 *Das Europa der Könige*

H

哈伯法 Haber-Bosch-Verfahren

哈雷门 Hallesches Tor

哈里发国 Kalifat

海顿 Haydn

海洋全景展 Maréorama

海因茨－迪特 · 策 Heinz-Dieter Zeh

汉斯 · 鲁道夫 · 申茨 Hans Rudolf Schinz

豪格斯内斯 Haugsnes

《和蔼可亲的乌拉尼亚》 *Urania Propitia*

赫顿石 Hutton's Rock

赫尔曼·克瑙斯 Hermann Knaus

赫尔曼·梅尔维尔 Herman Melville

赫尔曼·闵可夫斯基 Hermann Minkowski

赫尔曼·魏尔 Hermann Weyl

赫罗尼莫·德·阿吉拉尔 Gerónimo de Aguilar

赫罗尼姆斯·明策尔 Hieronymus Münzer

"很快的快板" *Allegro assai*

亨利·"小鸟"·鲍尔斯 Henry 'Birdie' Bowers

亨利·贝塞麦 Henry Bessemer

侯尔马维克 Hólmavík

后期重轰炸期 Late Heavy Bombardment

胡安·马丁·马尔达西那 Juan Martín Maldacena

黄石火山 Yellowstone Caldera

火山爆发指数 Volcanic Explosivity Index (VEI)

霍尔格·托马斯·格拉夫 Holger Thomas Gräf

霍勒斯·韦尔斯 Horace Wells

霍默·辛普森 Homer Simpson

J

吉马罗塔 Guimarota

季米特里·格罗夫 Dimitri Gerov

加来 Calais

加兰火山 Cerro Galán

加尼美得（木卫三）Ganymede

伽利略·伽利雷 Galileo Galilei

桨帆船 Galley

金伯利大洞 The Big Hole

居兹丽聚尔·索尔比亚德纳尔多蒂尔 Guðríðr Þorbjarnardóttir

巨石阵 Stonehenge

K

喀拉喀托火山 Krakatau

卡尔·弗莱赫尔·冯·德莱斯 Karl Freiherr von Drais

卡尔·弗里德里希·高斯 Carl Friedrich Gauß

卡尔·古茨科 Karl Gutzkow

卡尔·史瓦西 Karl Schwarzschild

卡里斯托（木卫四）Callisto

卡洛斯三世 Carlos III

卡西亚苏克 Qassiarsuk

康塔塔套曲 Kantate

克恩顿剧院 Kärntnertortheater

柯尔布鲁德尔 Coalbrookdale

科西莫二世·德·美第奇 Cosimo II. de' Medici

克雷芒·阿德尔 Clément Ader

克雷姆斯明斯特天文台 Sternwarte Kremsmünster

克里斯多夫·沙伊纳 Christoph Scheiner

克里斯托弗·哥伦布 Christopher Columbus

克罗伊茨贝格 Kreuzberg

克洛维斯人 / 文化 Clovis

克丘亚语 Quechua

库库尔坎 / 羽蛇神 Kukulkan

库施王国 Königreich von Kusch

狂野西部秀 Wild West Show

L

拉尔夫·普洛夫 Ralf Pröve

拉赫（火山）Laacher

拉赫凝灰岩 Laacher Bimstuff

拉廷观测塔 Latting Observatory

拉扎罗·斯帕兰札尼 Lazzaro Spallanzani

来源不明的始新世沉积层（简称 ELMO）Eocene Layer of Mysterious Origin

莱昂哈德·霍洛夫斯基 Leonhard Horowski

莱恩·诺斯 Ryan North

莱夫·埃里克松 Leif Eriksson

莱里亚 Leiria

莱廷观览塔 Latting Observatory

莱茵河 Rhein

兰塞奥兹牧草地 L'Anse aux Meadows

雷·布拉德伯里 Ray Bradbury

雷克雅未克 Reykjavík

《雷霆万钧》 *A Sound of Thunder*

黎凡特 Levante

礼堂酒店 Auditorium Hotel

里安娜·邓肯 Riana Duncan

里昂·斯普拉格·德坎普 Lyon Sprague de Camp

里斯－玉木间冰期 Eem-Warmzeit

林齐·菲茨哈里斯 Lindsey Fitzharris

龙目岛 Lombok

隆河 Rhône

路德维希·范·贝多芬 Ludwig van Beethoven

路德维希·普朗特 Ludwig Prandtl

路德维希·施托尔韦克 Ludwig Stollwerck

路易斯·巴斯德 Louis Pasteur

路易斯·施波尔 Louis Spohr

氯菊酯 Permethrin

伦纳德·萨斯坎德 Leonard Susskind

罗阿尔德·阿蒙森 Roald Amundsen

罗伯特·德帕尔马 Robert DePalma

罗伯特·福尔肯·斯科特 Robert Falcon Scott

罗伯特·金·默顿 Robert K. Merton

罗伯特 · 科赫 Robert Koch

罗伯特 · 路易斯 · 史蒂文森 Robert Louis Stevenson

罗马道路 Römerstraße

罗马帝国长城 Limes

罗盘草 *Silphium*

M

马丁 · 路德 Martin Luther

马可 · 奥勒留 Mark Aurel

马克斯 · 玻恩 Max Born

马里波恩区 Marylebone

马林诺冰期 Marinoan glaciation

马尼 Maní

马普切语 Mapuche

马丘比丘 Machu Picchu

《马太受难曲》 *Matthäuspassion*

玛丽 · 比尔德 Mary Beard

玛丽 · 马伦 Mary Mallon

玛丽 · 沃特利 · 蒙塔古 Mary Wortley Montagu

玛丽亚 · 格佩特 – 梅耶 Maria Goeppert-Mayer

玛丽亚 · 库尼茨 Maria Cunitz

玛丽亚 · 西碧拉 · 梅里安 Maria Sibylla Merian

玛雅潘 Mayapán

玛雅人 Maya

玛雅手抄本 Codices

迈克尔 · 法拉第 Michael Faraday

迈克尔 · 克莱顿 Michael Crichton

迈克斯 · 泰格马克 Max Tegmark

麦罗埃 Meroe

M. 威尔特家族 M. Welte & Söhne

满江红事件 Azolla event

满月（罗马历日期名称）Iden

贸易街 Calle Oficios

梅毒螺旋体 *Treponema pallidum*

孟格菲（兄弟）Montgolfier

米拉多尔 El Mirador

米诺斯火山爆发 Minoische Eruption

米特 Mitte

密克罗尼西亚联邦 Micronesia

摩尔人 Moors

《摩尔人的最后一处据地》 *The Moor's Last Stand*

莫尔特里斯 Molteris

莫里斯、马歇尔、福克纳公司 Morris, Marshall, Faulkner & Co.

莫特 · T. 格林 Mott T. Greene

莫扎特 Mozart

牡蛎俱乐部 Oyster Club

穆罕默德十二世 Boabdil (Muhammad XII of Granada)

穆胥哈根 Münchehagen

N

拿破仑三世 Napoleon III

纳斯卡巨画 Nazca-Linien

奈斯尔家族 / 王朝 Nasriden

内卡河 Neckar

尼安德特人 Neandertaler

尼布甲尼撒二世 Nebuchadnezzar II.

尼亚加拉瀑布 Niagarafälle

农业生产合作社 Landwirtschaftliche Produktionsgenossenschaft (LPG)

《女性与权力：一份宣言》*Women & Power: A Manifesto*

女修士 Stiftsdame

诺特定理 Noether's theorem

诺维科夫自洽性原则 Novikov self-consistency principle

O

欧罗巴（木卫二）Europa

P

帕多瓦 Padua

帕尔马修道院 *La Chartreuse de Parme*

帕克辛 Parkesine

帕斯夸尔 · 约尔旦 Pascual Jordan

帕伊谢洛 Paisiello

佩尔戈莱西 Pergolesi

皮埃尔 · 拉雷蒙德 Pierre Lallement

皮埃尔 · 米肖 Pierre Michaux

皮纳图博火山 Pinatubo

皮琴 Pitschen

皮亚斯特金币 Piaster

皮尤研究中心 Pew Research Center

Q

奇克卡班（玛雅节日）Chic Kaban

奇琴伊察 Chichén Itzá

气压计世界博物馆 Barometer World Museum

切萨皮克湾 Chesapeake Bay

切图马尔 Chetumal

青霉素 Penicillium

丘德尼夫战役 Battle of Chudniv

丘纽（南美食物）Chuño

区块链 Blockchain

曲霉 *Aspergillus*

全景影院展 Cinéorama

R

S

T

W

温突 Ondol

文兰 Vinland

《我的世界》 *Minecraft*

沃尔夫冈·泡利 Wolfgang Pauli

沃尔皮尼画展 Exposition Volpini

乌布利希弯道 Ulbrichtkurve

X

西里西亚 Silesia

西蒙·马里乌斯 Simon Marius

希哈利恩山 Schiehallion

希克苏鲁伯陨石撞击事件 Chicxulub-Einschlag

《锡拉库扎行记》 *Spaziergang nach Syrakus*

肖恩·卡罗尔 Sean Carroll

辛格韦德利 Þingvellir

《辛普森一家》 *The Simpsons*

新地岛 Nowaja Semlja

新月（罗马历日期名称） Kalenden

《星际旅行日记》 *Dzienniki Gwiazdowe*

《星际信使》 *Sidereus Nuncius*

休·艾弗雷特三世 Hugh Everett III

修女院 Frauenstift

《血缘》 *Kindred*

Y

雅卡尔织布机 Jacquard-Webstuhl

雅浦群岛 Yap

亚当·斯密 Adam Smith

亚历山大·冯·洪堡 Alexander von Humboldt

亚历山大·弗莱明 Alexander Fleming

亚历山大·格拉汉姆·贝尔 Alexander Graham Bell

亚瑟王座山 Arthur's Seat

阳燧灯 Pyreliophorus

一吨库补给站 One Ton Depot

伊本·海提布 Ibn al-Khatib

伊恩·莫蒂默 Ian Mortimer

伊戈尔·德米特里耶维奇·诺维科夫 Igor Dmitriyevich Novikov

伊格纳兹·塞麦尔维斯 Ignaz Semmelweis

伊莱沙·奥的斯 Elisha Otis

伊丽莎白·德雷森 Elizabeth Drayson

伊丽莎白·夏洛特 Liselotte von der Pfalz

伊斯兰学校（格拉纳达） Madraza

伊万·波尔祖诺夫 Ivan Polzunov

伊翁·蒂奇 Ijon Tichy

艺术咖啡馆 Café des Arts

《意大利游记》 *Italienische Reise*

《隐藏的现实》 *The Hidden Reality*

印加帝国 Inka

英戈尔施塔特（德国地名）Ingolstadt

英国汗热病 Sweating sickness

优素福一世 Yusuf I.

尤卡坦 Yucatán

《尤卡坦风物集》*Relaciónde las cosas de Yucatán*

《宇宙尽头的餐馆》*The Restaurant at the End of the Universe*

原牛 Auerochse

约翰·阿奇博尔德·惠勒 John Archibald Wheeler

约翰·大卫·穆勒 Johann David Müller

约翰·冯·诺伊曼 John von Neumann

约翰·戈特弗里德·索乌姆 Johann Gottfried Seume

约翰·海因里希·泽德勒 Johann Heinrich Zedler

约翰·尼波穆克·梅尔泽尔 Johann Nepomuk Mälzel

约翰·塞巴斯蒂安·巴赫 Johann Sebastian Bach

约翰·约阿希姆·克万茨 Johann Joachim Quantz

约翰内斯·开普勒 Johannes Kepler

约瑟夫·布莱克 Joseph Black

约瑟夫·亨利 Joseph Henry

约瑟夫·李斯特 Joseph Lister

约瑟夫·玛丽·雅卡尔 Joseph Marie Jacquard

Z

载人热气球 montgolfière

詹姆斯·伯克 James Burke

詹姆斯·弗兰克 James Franck

詹姆斯·豪厄尔斯 James Howells

詹姆斯·赫顿 James Hutton

詹姆斯·亨利·怀特 James Henry White

詹姆斯·瓦特 James Watt

詹姆斯·西姆 James Syme

《真实世界的脉络》*The Fabric of Reality*

脂胶芹 *Laserpitium*

《治愈的屠宰》*The Butchering Art*

中生代 Mesozoic

中转区（作者自创的词汇）Transitzone

钟形杯文化 Glockenbecherkultur

《重返中世纪》*Timeline*

朱利叶斯·瓦格纳－尧雷格 Julius Wagner-Jauregg